广东省创新创业教育课程立项建设项目"哲学智慧与
创新思维"（粤教高函[2017]85号）研究成果

广东省教育科学规划课题（2017GXJK065）研究成果

经济服务
伦理探究

曹望华 ◎ 著

中国财经出版传媒集团

经济科学出版社
Economic Science Press

图书在版编目（CIP）数据

经济服务伦理探究/曹望华著 . —北京：经济科学
出版社，2019.11
ISBN 978 - 7 - 5218 - 0933 - 6

Ⅰ.①经…　Ⅱ.①曹…　Ⅲ.①经济伦理学 - 研究
Ⅳ.①B82 - 053

中国版本图书馆 CIP 数据核字（2019）第 200962 号

责任编辑：周国强
责任校对：刘　昕
责任印制：邱　天

经济服务伦理探究

曹望华　著

经济科学出版社出版、发行　新华书店经销
社址：北京市海淀区阜成路甲 28 号　邮编：100142
总编部电话：010 - 88191217　发行部电话：010 - 88191522
网址：www. esp. com. cn
电子邮件：esp@ esp. com. cn
天猫网店：经济科学出版社旗舰店
网址：http://jjkxcbs. tmall. com
固安华明印业有限公司印装
710×1000　16 开　13.5 印张　200000 字
2019 年 11 月第 1 版　2019 年 11 月第 1 次印刷
ISBN 978 - 7 - 5218 - 0933 - 6　定价：68.00 元

前　言

　　我们生活在一个以服务为中心、极为注重服务的经济体系中，经济服务与伦理道德有着日渐密切的关系。经济服务一方面是一种经济行为，有其特定的经济目的；另一方面也是一种道德行为，包含着特殊的道德追求。作为经济行为，服务者通过为社会、为他人提供服务获得物质报酬；作为道德行为，服务者通过为他人、为社会提供物质或精神的服务，感受精神上的愉悦，提升精神境界，实现道德价值。而被服务者亦在与服务者的互动中感受精神愉悦，提升道德品位。经济服务伦理探究就是试图从经济服务的发展规律中寻求伦理的秩序和它所内涵的道德要求，探讨经济活动中服务与道德的关系，对经济服务这种与人们生活密切相关的社会经济活动现象作出恰当的价值判断和道德评价。

　　进入21世纪，经济服务的人性价值以及对人的关怀，在商业组织里开始广为流行，更胜以往。诸如顾客价值、价值套装、价值模式、价值前提、关键时刻、服务循环和服务策略等新的名词越来越多地使用于经济服务管理模式中。然而，事实上，在全球经济一体化、经济竞争加强以及科技飞速发展的全新市场环境下，经济服务的发展遭遇到了价值和伦理的挑战。一方面，众多的经济服务主体仍然被陈旧的价值理念和伦理道德观所束缚，仍然局限于以往的经营方式和方法中。另一方面，信息技术的发展使经济主体之间的服务数字化和标准化，经济服务主体之间被筑起了一道数字鸿沟，经济服务生产者与经济服务消费者之间直接接触的机会大大减少，个性化、情感化服务的地盘被缩减，这无疑对消费者的服务满意度和情感造成了一定的影响，顾客价值和服务伦理价值的实现受到了挑战。从经济服务的发展实践所面临的挑战来看，伦理道德是不容忽视的一个重要方面。因此，我们应当从伦理的角度来重新审视经济服务的发展，这样也许能解决经济服务发展中的一些矛盾和困惑。

从国内外理论界对经济服务的研究来看，学者们或多或少都意识到了伦理道德在经济服务中的作用和价值，也对经济服务的伦理方面作出了一些有意义的探讨。国外经济服务伦理研究并没有集中的或专门的论述，但我们可以从西方学者对服务范畴的经济学研究中以及西方服务经济理论中探寻一些经济服务的伦理思想，这些思想主要蕴含于西方一些学者的服务经济思想和经济伦理思想当中。从亚当·斯密（Adam Smith）以来，西方学者对服务问题的探讨以及对经济服务的伦理研究经历了一个较长的、逐步深入的过程，并取得了比较丰富的成果。他们对经济服务的伦理研究主要是从实用的角度，联系经济服务企业的实践来探讨经济服务的发展所需要的伦理价值观。特别是在经济服务发展相对成熟的美国，学者们基本上都是结合一些服务企业的成功经验来探讨经济服务发展过程中企业所应遵循的伦理道德价值，其研究十分注重经济服务伦理价值观的实用性、功用性和可操作性，注意把伦理融合到日常经济服务活动之中。这种对经济服务的实证研究是经济服务伦理探究的重要方法。但是，西方学者对于经济服务的伦理内涵、本质、特性和原则的概括和总结还存在欠缺，而他们对经济服务的伦理探究也尚未提出比较系统的理论。在国内，学术界从经济学角度对服务进行研究起步较晚，而对经济服务进行伦理的探究则更是刚刚开始。国内经济服务伦理研究主要是伴随着经济服务理论以及服务经济

学的研究开始的，这一过程与我国改革开放的纵深发展历程息息相
关。然而，由于服务业和服务经济在我国的发展尚不成熟，经济服务
所涉及的范围太广、渗透性太强，加上受传统经济服务思想观念的影
响过深，人们对经济服务活动及方式的道德判断标准等问题并没有取
得共识，有些问题尚未涉及或处于浅层次研究状态。因此，经济服务
伦理探究是一项亟待展开的工作。

　　本书以"道德的经济人"作为理论运思的逻辑起点，采用马克思
提出的"经济范畴的人格化"这一研究经济活动及其伦理的根本方法，
展开对经济服务的伦理探究。全书共有9章，外加一个前言和结束语。
第1章揭示出经济服务伦理探究的时代背景，分析了经济服务发展面临
的伦理挑战，经济服务伦理探究的实际情况和时代意义。第2章将对经
济服务进行某种定位，并找准经济服务伦理探究的逻辑起点。这两个问
题是展开本论文主题思想的关键。第3章则以经济服务与经济伦理的关
系为视角，论证经济伦理是经济服务的应有诉求，探讨经济服务的伦理
特性和价值，从而确立经济服务伦理探究的内在依据。在第4章和第5
章探讨了效益与公平、竞争与合作这两对经济服务伦理的基本范畴，深
入分析它们在经济服务中的表现及其重要作用与价值。认为服务效益是
经济服务的伦理要求，服务公平是经济服务的伦理保障，应当寻求经济
服务效益与经济服务公平的和谐与统一；作为一种新型的竞争形式，服
务竞争是经济服务发展的内在动力，但服务竞争又必须以合作作为其发
展的伦理方向。第6章探讨了西方经济服务伦理思想发展历程，认为西
方服务经济伦理思想的发展经历了萌芽、泛化、初步发展、转型与趋向
成熟四个阶段。本章将以这四个阶段代表人物的经济服务伦理思想为探
究对象，主要从西方学者对经济服务的研究中发掘一些伦理思想，并对
这些伦理思想作出客观的审视和评价。第7章探究了马克思经济服务伦
理的内涵及启示。认为马克思经济服务伦理包含着以服务产品的形式满
足人的需要，促进一般劳动生产率的发展，以及促进个人的自由全面发

展的三重内涵，它揭示出服务是经济价值和精神道德价值的统一，给我们开启了一个理解现代服务观的辩证法视野，并提供了一个解决服务型社会构建中存在的双重基本矛盾关系的理论视域。第 8 章从经济服务的动态性特征出发，探讨了经济服务伦理的现代转型及新发展。认为经济服务本身的现代转型推动了经济服务伦理的新发展，经济服务的现代转型以传统的、经验的服务向精神服务、个性化服务以及创新服务的转变为标志，集中体现了经济服务伦理现代发展的新特征。第 9 章提出经济服务伦理的价值目标与归宿。认为卓越服务的伦理目标是使经济服务主体拥有经济服务可持续发展的伦理情怀，拥有超越自身经济利益的道德使命和目的。而经济服务要实现自身的伦理追求，即要从"实然"走向"应然"，从服务的视角来看，必须依靠经济服务主体在经济服务实践中努力创造卓越的服务；从伦理的视角来看，必须依靠经济服务主体拥有创造卓越服务的道德信念。结语指出，探索中国市场经济服务的伦理建设之路，是时代摆在我们面前的重要任务。中国特色社会主义市场经济服务伦理建设主要是一个实践的过程，要在经济服务实践活动中，使经济服务主体树立合理的经济服务价值观，养成良好的经济服务道德行为；要使经济服务主体在经济服务活动中陶冶服务道德情操，提升服务道德境界，从而为经济服务伦理建设奠定坚实的基础。只要我们勇于探索经济服务伦理理论，积极开展经济服务伦理实践，必定能开创一条中国特色社会主义市场经济服务伦理建设之路。

当然，需要说明的是，本书尝试以马克思主义的理论和方法开启经济服务伦理问题的探究，也只是对经济服务与伦理道德特别是与经济伦理关系的一个初步探讨，这种粗浅的理论分析以及所得出的结论也必定与经济服务实践存在差距，经济服务伦理探究的理论图景并不是适应于所有经济服务的实践，也不可能解决经济服务实践当中所遇到的种种问题和挑战。本书所解决的只是经济服务这种特殊的经济实践活动有无伦理的内涵和价值，经济服务有什么样的伦理内涵和价值，以及现代高科技背景下经济服务伦理的发展问题。本书仅仅是为经济服务的发展提供某种道德上的参考，而"道德经济人"的理论抽象以及卓越服务的伦理追求亦难免带有道德乌托邦的色彩，因此，本书无意为经济服务的实践构建一个无条件解决任何问题的理论框架。

目　录

经济服务伦理探究的时代背景

　　美国未来学家约翰·奈斯比特（John Naisbitt）认为，1956 年是美国服务经济的开端，当时是"美国历史上第一次出现从事技术、管理和事务工作的白领工人数字超过了蓝领工人。美国的工业社会要让路给一个新社会"①。奈斯比特称这个新社会为"信息社会"，因特网和全球信息网络的兴起，继而成为商务、营销和信息储存的全球化工具，使得这个提法显得名副其实。在此之前，美国社会学家丹尼尔·贝尔（Daniel Bell）也曾指出同样的事件和趋势，他宣称美国已进入"后工业化社会"。不管使用怎样的称谓，今天人们所生活的世界和时代，服务经济的地位和作用已经越来越突出，而有关经济服务的理论和现实问题将不能不引起人们的重视。一个事实是，在被贝尔所称为的"后工业社会"中，经济的"服务化"趋势越来越明显。这种经济"服务化"的特点是，服务的发展是由技术进步、分工深化和管理方式变革所引起的对服务的中间需求的扩展所带动。由于这种对服务的中间需求大部分与商品的生产、流通和消费等方面的信息的搜集、处理、加工和生产有关，因

---

　　① ［美］约翰·奈斯比特. 大趋势：改变我们生活的十个新方向［M］. 梅艳，译. 北京：中国社会科学出版社，1984：11.

此，这种需求所带动的服务业主要为信息服务业。从另一个角度看，现代新兴服务业如管理、法律、会计、广告等专业服务和金融、保险服务等所提供的主要是专业知识、专业技能或者信息；也就是说"服务"本身也在"知识化"和"信息化"。① 因此，现代经济出现了服务化与知识化、信息化相互交织的现象和特征。在高新科技、信息科学持续迅速发展，积极地领导潮流的新时代，经济服务也不再是工业的副产品，不再如经济学家一度嘲讽的那样，是无法创造财富的、"只把钱不断转手"的部门。经济服务本身已经变成强有力的经济发动机之一，成为新经济的驱动力。美国《新闻周刊》专栏作家乔治·威尔用"麦当劳拥有的员工比美国钢铁公司还要多；美国经济的标志是那两道金色的拱门，而不是烈焰熊熊的火炉"，一针见血地道出了新经济的概貌。② 对我们而言，这意味着新的经济亮点与增长点关键在于更多更好的服务。是它提供了大量的就业机会，是它推动了经济发展，也是它发掘了无限商机。正如美国著名服务管理大师卡尔·阿尔布瑞契特（Karl Albrecht）和让·詹姆克（Ron Zemke）在《服务经济——让顾客价值回到企业舞台中心》一书中所指出的："1990 年代的焦点全都集中在科技，尤其是电子商务、零售和公司间的合作上。然而不管科技有多重要，如此狭隘的关注范围使得人们淡忘了一个重要的事实——几乎每一种新兴科技的投机，不论是网络公司、网络管理或者软件开发，其成败与否，其实质上都是一场服务上的创新和冒险。"③

---

① 黄少军. 服务业与经济增长 [M]. 北京：经济科学出版社，2000：9.
② ［美］卡尔·阿尔布瑞契特，让·詹姆克. 服务经济——让顾客价值回到企业舞台中心 [M]. 唐果，译. 北京：中国社会科学出版社，2004：11－12.
③ ［美］卡尔·阿尔布瑞契特，让·詹姆克. 服务经济——让顾客价值回到企业舞台中心 [M]. 唐果，译. 北京：中国社会科学出版社，2004：12.

1.1　经济服务发展面临的伦理挑战

进入 21 世纪，经济服务的人性价值以及对人的关怀，在商业组织里开始广为流行，更胜以往。诸如顾客价值、价值套装、价值模式、价值前提、关键时刻、服务循环和服务策略等新的名词越来越多地使用于经济服务管理模式中。然而，事实上，在全球经济一体化、经济竞争加强以及科技飞速发展的全新市场环境下，经济服务的发展遭遇到了价值和伦理的挑战。

一方面，众多的经济服务主体仍然被陈旧的价值理念和伦理道德观所束缚，仍然局限于以往的经营方式和方法中。在人们熟知的医疗保健服务中，有很多，甚至是绝大多数的医生与医院经营者，仍坚持将他们的病人当成温顺的小孩来看待。大部分医院的工作流程就跟工厂差不多。他们把患者当成原料一样，在不同的加工站之间送来送去。尽管有那些"关怀病人"与"我们是您的健康伙伴"之类的口号和标语，医生仍被普通地认为是最糟糕的聆听者，他们的目的仿佛仅在于机械化地从事生产而非解决问题。我们还可以举出更多行业的例子，来批判这种傲慢、自私自利的营运模式。随便以一个行业为例，如航空旅游、汽车、银行、教育、娱乐、财务管理、保险、信息、零售业等，你可以发现其主要经营者几乎都有这样的心态：给予顾客他们可以接受的，而不是他们认为有价值、有趣、刺激、耐用或符合成本效益的。在这样一个新服务时代里，尚未被发现的重大事实之一可能是，最好的尚未来临。为什么我们要将自己局限于已知的方法中呢？为什么不转过来站在顾客的立场，以崭新的眼光去看待一切？为什么不敢重新思考旧有价值命题的本质？为什么不能让我们与现有以及潜在的顾客一起努力，寻求更好的新方法来创造价值呢？在这个全球一体化和超强竞争的时代里，遵循旧理念可能只会让你变得平庸。或许我们面临的，正是一个蕴藏了前所未有的革新与创造价值机会的时代，而我们所要做的只是去承认这些机会的存在。

另一方面，信息技术的发展使经济主体之间的服务数字化和标准化，经济服务主体之间被筑起了一道数字鸿沟，经济服务生产者与经济服务消费者之间直接接触的机会大大减少，个性化、情感化服务的地盘被缩减，这无疑对消费者的服务满意度造和情感造成了一定的影响，顾客价值和服务伦理价值的实现受到了挑战。从 20 世纪 90 年代中期开始，全球许多服务公司，特别是在美国，开始安装自动电话菜单系统，在一连串的语音选项之后，将顾客的电话转到适当的部门。有些公司，如美国电话电报公司，甚至开始使用数字语音识别技术，通过一个合成的声音，引导顾客回应，然后从顾客的回应中辨读可能的选择，试着辨认出要将顾客电话转到哪个部门。甚至有一些公司试图通过自动回应来处理顾客来电，完全没有任何人员接触。[1] 在大型组织里，有一个明确且无法阻止的趋势，那就是"利用信息技术来减少顾客接触面"，并降低管理顾客关系的成本。银行、保险公司、电话公司、地方公用事业、航空公司，还有更多其他的公司都是如此。阿尔布瑞契特和詹姆克洞察到了这一趋势，并认为这是一个"有害且颇具毁灭性的趋势"，他们做了这样的解释：利用信息技术来减少顾客接触面，意味着对顾客做了一个明确的声明："我们太忙了，没时间为你个人的问题烦恼，因此，决定将你交给电脑去处理。只要电脑做得到，你高兴怎么做都可以。"它告诉顾客，标准化、效益与节省成本，比任何顾客的情绪或特别需求都要来得重要。同时也表明了，任何顾客需求或问题的变量，只要与软件的设计不符合，那就不重要，也不能被允许。这就好比公司主管决定在

---

① ［美］卡尔·阿尔布瑞契特，让·詹姆克. 服务经济——让顾客价值回到企业舞台中心 ［M］. 唐果，译. 北京：中国社会科学出版社，2004：237.

他们的组织外围，筑起一道数字鸿沟，将顾客保持在适当的距离外。拒绝使用人来接电话，不仅可以省钱，同时也可以避免与气愤的顾客，或是有着复杂或费时问题的顾客，直接接触。对于许多大型公司而言，数字鸿沟有一个很重要的影响，即舍弃通过任何附加价值或人力接触来赢得顾客的主张。利用数字顾客界面，公司可以节约成本，然而代价却是顾客将公司视为无名字、无个性、无情感的标准机器人。这些公司几乎会牺牲掉所有在竞争上存在差异的可能。例如，一部电脑接电话的速度有可能会比另一部电脑快吗？当顾客在等候电脑服务，听那些恼人的音乐或广告信息时，他有可能会觉得这一部电脑比另一部还无聊吗？①

显然，将与顾客接触的服务数字化、标准化的趋势，对于许多大公司来说，可能是好坏参半的策略。在它们利用信息技术降低成本的同时，也会让公司与服务沦为规格化商品，而且，必须经常担心被其他更便宜的信息处理流程所取代。如果有某家公司的顾客打电话给电脑来购买汽车保险，但从头到尾都没有与真人对上话，那么公司怎么能希望顾客可以区别自己与竞争对手所提供的价值包呢？如果某家银行的业务是纯粹通过电脑、电话以及网络这些标准流程进行，这家银行还要提供什么才能与其他银行有所不同呢？在这个标准化、数字化的世界里，唯一的竞争武器将会是便宜的基础设施，以及丰富的资金，并以此与其他低成本、匿名的对手竞争。当然，大型公司将顾客数字化的这一趋势，对小型公司而言，是可以带来竞争优势的特别机会的。通过创造一个独特、有区别且有价值的顾客体验，那些更具服务导向的小型公司可以在这个竞技场内，划分出一块数字"巨人哥力亚"（Goliaths）②，虽然还需考察才可以知道疲惫的消费者是否会高兴地回应一个重生的个性化、人格化的服务，特别是当大型提供者全都趋向更低价位的标准化产品

---

① ［美］卡尔·阿尔布瑞契特，让·詹姆克. 服务经济——让顾客价值回到企业舞台中心［M］. 唐果，译. 北京：中国社会科学出版社，2004：237－238.

② 据《圣经》的记载，哥力亚即被年轻的牧羊人大卫杀死的巨人。

时。然而，如果小型公司把数字鸿沟用作降低成本的选择，是极不合理的——因为小型公司所能满足的顾客相当少，而这样做可能还会失去差异化的最佳途径。①

从经济服务的发展实践所面临的挑战来看，伦理道德是不容忽视的一个重要方面。因此，我们应当从伦理的角度来重新审视经济服务的发展，这样也许能解决经济服务发展中的一些矛盾和困惑。如果说伦理道德是与经济服务有着紧密联系的一个重要方面，那么伦理道德在经济服务及其发展过程中扮演有什么样的角色，有着什么样的地位和作用？这就是经济服务伦理探究的核心内容。

1.2 经济服务伦理探究的理论与实际

从国内外理论界对经济服务的研究来看，学者们或多或少都意识到了伦理道德在经济服务中的作用和价值，也对经济服务伦理作出了一些有意义的探讨。

1.2.1 国外经济服务伦理探究的理论与实际

国外经济服务伦理研究并没有集中的或专门的论述，我们主要是从国外学者对服务范畴的经济学研究中以及国外服务经济理论中探寻一些经济服务的伦理思想，这些思想主要蕴含于西方以及日本一些学者的服务经济思想和经济伦理思想当中。

18 世纪后期到 19 世纪中期，在被称为古典经济理论研究阶段的这一时期，对经济服务研究最具影响力的是西方古典经济学派的开山鼻祖

---

① Albrecht K. Digitizing the customer: the digital moat [J]. Managing Service Quality, 2003, 13 (2): 94 - 96.

亚当·斯密（Adam Smith）。[①] 亚当·斯密在《国民财富的性质和原因的研究》（1776）这部著作中阐发了丰富的经济伦理思想，其中关于交换和经济服务的伦理阐释占有重要地位。斯密推崇经济互利和相互服务的价值取向的同时，还指明了引导人们由自利走向互利的桥梁——自由竞争。

从 19 世纪中期开始到 19 世纪末，以法国经济学家弗雷德里克·巴斯夏（Frederic Bastiat）为代表的经济学家们对经济服务的讨论呈现出新的趋势。他们普遍认为，所有的活动都是服务，并把资本主义经济关系更多地作为服务关系来描述。巴斯夏在《和谐经济论》（1850）一书中阐释了他的给予和谐与相互服务的"泛服务"伦理思想。

20 世纪 30 年代以来，西方学者对经济服务研究的理论贡献主要是确立了"第三产业"和服务经济理论。三大产业理论的主要创立者是英国经济学家费希尔（A. G. B. Fisher）和克拉克（C. Clark）。费希尔在他的名著《进步与安全的冲突》（1935）一书中探讨了现代社会如何适应剧烈的生产和消费结构变化问题，首次从历史变迁和经济发展的框架内来讨论三大产业。费希尔的定义是，第一产业是农业和矿产业，第二产业是"将自然资源以各种方式转型"的加工制造业，第三产业是提供各种服务活动的产业。克拉克在他的《经济进步的条件》（1940）一书中不仅强调了三大部门的分类，而且强调了对国民生产（包括价格）、收入和消费的增长的原因和计量进行分析。[②]

20 世纪 60 年代中期至 70 年代中期，随着资本主义经济结构的巨大变化和服务业作用的日益显著，一些经济学家开始研究"服务经济"问题，其代表人物是美国经济学家维克托·富克斯（Victor R. Fuchs）。在他被后人奉为服务经济学研究的经典著作《服务经济学》（1968）一

---

①② "服务经济发展与服务经济理论研究"课题组. 西方服务经济理论回溯 [J]. 财贸经济，2004（10）：89－92.

书里，他从宏观角度出发，以实证的方法对战后美国从工业经济过渡到服务经济的进程中，服务业就业人数的增长情况、增长的原因、各服务行业之间在生产率变化方面的差异，以及工资、商业周期特点、行业组织和劳动力特征等方面进行了分析。① 无疑，其分析过程和结论都具有一定的参考价值，而其中也不乏诸如平等与服务个性化等一些有见解的经济服务伦理思想。

20 世纪 80 年代以来，服务经济的研究进一步深入，对经济服务的研究也逐步显示出伦理的倾向。20 世纪 80 年代初，日本经济学者井原哲夫在其《服务经济学》一书中从微观角度出发分析了服务的一般性质，并探讨了服务经济的性质、特点、形式、作用及其内在联系，重点阐述了服务如何提高服务企业经济效益和消费者的社会经济福利，其中的一些经济服务思想亦不乏伦理的韵味。如作者认为经济服务的效益化必须同时实现经济服务方式的多样化，这样才能解决服务效益和服务质量之间的矛盾，才能满足服务消费者多方面的需求，包括高级的精神性享受。② 另一位日本学者前田勇在其《服务学》一书中对服务理论做了较为系统的探讨，作者通俗易懂地表达了他对服务的看法和理解，并从服务理论及其发展以及服务教育等方面提供了一套与服务有关的基础理论，其中一些论述亦不乏伦理的意蕴。如作者认为："服务是在人与人之间形成的，因此，它能够做到'心心相印'"，"服务人员要具有渴求理解对方的愿望。"③ 1982 年，被称为美国工商管理"圣经"的《追求卓越》一书出版，该书总结出以服务为主的优秀企业的共同属性，其所创导的经营服务理念中贯穿了"以人为中心、服务顾客"的伦理精神，

① ［美］维克托·富克斯. 服务经济学［M］. 许微云，等译. 北京：商务印书馆，1987：19 – 21.

② ［日］井原哲夫. 服务经济学［M］. 李桂山，等译. 北京：中国展望出版社，1986：162 – 165.

③ ［日］前田勇. 服务学［M］. 杨守廉，译. 北京：工人出版社，1986：130.

而"追求卓越"也被认为是经济服务所追求的伦理价值目标。1985 年，美国著名服务管理大师卡尔·阿尔布瑞契特（Karl Albrecht）和让·詹姆克（Ron Zemke）撰写的《服务经济》一书出版，作者大力倡导"顾客中心"的服务管理理念。2002 年，该书再版并系统地论证了将顾客价值请回企业舞台的中心的重要性和必然性。① 作者对"顾客价值"的阐释和论证无疑显示出经济服务所应当遵循的伦理道德价值。

1992 年，法国学者让 - 克洛德·德劳内（Jean - Claude Delaunay）和让·盖雷（Jean Gadrey）在《服务经济思想史——三个世纪的争论》一书中，梳理了经济思想史中不同年代的经济学家对服务的不同理解；追溯了古典时期和马克思的服务理论；介绍了 20 世纪 30～70 年代之间逐渐获得影响力的三次产业理论和"后工业社会"思想；最后探讨了 20 世纪后期出现的"新工业主义"，强调工业是服务业扩张的基础。② 该书为经济服务及其伦理探究提供了重要的史料价值。1998 年，美国服务管理领域的学术权威詹姆斯·菲茨西蒙斯（James A. Fitzsimmons）等人在《服务管理——运营、战略和信息技术》一书中，从服务业与经济的关系讲起，逐步展开，依次详尽论述了服务的含义与竞争战略、服务企业的构造、服务运作的管理、世界级服务的战略问题等，基本上涵盖了服务管理的所有重要理论。③ 该书对经济服务做了比较全面和系统的研究，其论述亦涉及服务竞争、服务公平、服务安全等富含伦理意蕴的重要问题。1999 年，美国服务研究专家利奥纳德·贝利（Leonard L. Berry）的《服务的奥秘》一书出版，作者对 14 家成功企业进行精确研究后，得出了一个崭新的结论：服务业的长期建设中最重要的因素不

---

① ［美］卡尔·阿尔布瑞契特，让·詹姆克. 服务经济——让顾客价值回到企业舞台中心［M］. 唐果，译. 北京：中国社会科学出版社，2004.
② ［法］让 - 克洛德·德劳内，让·盖雷. 服务经济思想史——三个世纪的争论［M］. 江小涓，译. 上海：格致出版社，上海人民出版社，2011.
③ ［美］詹姆斯·A. 菲茨西蒙斯，莫娜·J. 菲茨西蒙斯. 服务管理——运营、战略和信息技术［M］. 2 版. 张金成，等译. 北京：机械工业出版社，1998.

是大量的商务活动，而是人性价值。① 显然，贝利在探究服务的奥秘的同时对经济服务进行了卓有成效的伦理研究工作。

2003 年，瑞典学者安德斯·古斯塔夫松（Anders Gustafsson）和迈克尔·约翰逊（Michael D. Johnson）在《服务竞争优势：制定创新型服务战略和计划》一书中指出，在服务型经济中，竞争是创造服务的实践指南。② 对于企业的成功而言，为客户提供创新的、高质量的服务是至关重要的。企业可从保障现有服务质量、改进服务水平、创新服务内容等三个方面建立新服务计划。该书还列举了国际领域里各种成功组织的案例和典范，包括迪士尼、爱立信、宜家家居等企业出色的服务战略和计划，认为可以从这些欧美标杆企业中学习服务经济时代的竞争力。显然，该书关于服务竞争的论述，已经触及了竞争的伦理价值和道德意义。

总之，国外学者对服务问题的探讨以及对经济服务的伦理研究经历了一个较长的、逐步深入的过程，并取得了比较丰富的成果。他们对经济服务的伦理研究主要是从实用的角度，联系经济服务企业的实践来探讨经济服务的发展所需要的伦理价值观。特别是在经济服务发展相对成熟的美国，学者们基本上都是结合一些服务企业的成功经验来探讨经济服务发展过程中企业所应遵循的伦理道德价值，其研究十分注重经济服务伦理价值观的实用性、功用性和可操作性，注意把伦理融入日常经济服务活动之中。这种对经济服务的实证研究是经济服务伦理探究的重要方法。但是，国外学者对于经济服务的伦理内涵、本质、特性和原则的概括和总结还存在欠缺，而他们对经济服务的伦理探究也尚未提出比较系统的理论。

① ［美］利奥纳德·贝利. 服务的奥秘 ［M］. 刘宇，译. 北京：企业管理出版社，2001：31 - 32.
② ［瑞典］安德斯·古斯塔夫松，迈克尔·约翰逊. 服务竞争优势：制定创新型服务战略和计划 ［M］. 刘耀荣，译. 北京：中国劳动社会保障出版社，2004.

1.2.2 国内经济服务伦理探究的理论与实际

在我国，学术界从经济学角度对服务进行研究起步较晚，而对经济服务进行伦理的探究则更是刚刚开始。国内经济服务伦理研究主要是伴随着经济服务理论以及服务经济学的研究开始的，这一过程与我国改革开放的纵深发展历程息息相关。

在改革开放前，中国经济学界始终没有把服务研究放在重要的位置上。从社会主义经济思想史的角度看，关于服务的理论基本上是围绕生产劳动和非生产劳动的性质和划分来展开的。20 世纪 60 年代，我国理论界就生产劳动和非生产劳动问题展开过一次讨论，中国经济学家对该问题提出了自己的看法。20 世纪 80 年代，中国理论界关于这方面的讨论与 60 年代相比规模更大一些。80 年代前期关于服务的理论观点在各方面都有不同程度的突破，但基本集中于论证服务的价值创造问题。所有这些理论上的分散的研究于 1986 年被李江帆总结进《第三产业经济学》一书，此后关于服务业的理论争论告一段落。[①] 进入 20 世纪 90 年代，随着社会主义市场经济体制的逐步确立，服务业在国民经济中的地位和作用显得越来越重要，服务业究竟能否创造价值以及经济服务的一些理论问题又一次成为经济理论界讨论的热点，经济服务理论的研究开始走向深入，贴近现实经济生活。[②] 国内学者相继出版了一些服务理论以及服务经济学方面的著作，如李江帆的《第三产业经济学》（1986）、陶永宽等的《服务经济学》（1988）、高涤陈等的《服务经济学》（1990）、白仲尧的《服务经济论》（1991）、马龙龙的《服务经济》（1994）、吕卓超等的《服务经济学》（1995）、秦言的《中国企业服务竞争》（1999）、黄少军的《服务业与经济增长》（2000）、黄维兵的《现代服务经济理论

---

① 黄少军. 服务业与经济增长 ［M］. 北京：经济科学出版社，2000.
② 黄维兵. 现代服务经济理论与中国服务业发展 ［M］. 成都：西南财经大学出版社，2003.

与中国服务业发展》（2003）、郑吉昌的《服务经济论》（2005）、丁宁的《服务管理》（2007）、李相合的《中国服务经济：结构演进及其理论创新》（2007）、何德旭等的《服务经济学》（2009）、夏杰长等的《迎接服务经济时代来临》（2010）、陈宪等的《中国现代服务经济理论与发展战略研究》（2011）、周振华的《服务经济发展》（2013）、王春和等的《服务为王——卓越服务力理论与案例》（2015）、刘志彪的《现代服务经济学》（2015）、李慧中的《服务特征的经济学分析》（2016）、江小娟等的《网络时代的服务型经济》（2018）、张永梅等的《经济新常态下我国现代服务业发展研究》（2018）、程晓等的《服务经济崛起》（2018）等等。国内学者对服务以及经济服务的研究逐步深入，服务的丰富内涵被逐渐挖掘出来。上述著作中，有的将服务作为一种手段，通过服务来提高生产者和消费者之间的协调合作水平，从而提升企业价值；有的则把服务当作一种目的，采取各种方式提高服务质量以满足消费者提出的各种服务需求，以达到顾客满意进而顾客忠诚，这些观点无疑已经触及经济服务的伦理内涵和伦理目标。

就具体内容而言，白仲尧在其《服务经济论》（1991）一书中，以马克思主义政治经济学作为研究的出发点和理论推导依据，将服务分为政治的服务、经济的服务和思想文化的服务等三种类型，并以经济的服务为主线，以经济服务领域中的典型服务如金融、贸易、商业、餐饮以及为家庭和个人提供的服务为代表，对服务生产和服务流通做了深入的研究，并对服务经济的发展前景进行了预测和展望。[①] 尽管该书的一些观点有值得商榷之处，但某些观点和分析方法能为我们探讨经济服务的伦理意义和价值提供借鉴和参考。吕卓超和封斌奎在《服务经济学》（1995）一书中，对服务范畴的特征进行了较为深刻的论述，作者明确指出现代服务的七大特征，其中就有"服务的道德性"。显然，该书明

---

① 白仲尧. 服务经济论 [M]. 北京：东方出版社，1991.

确地把服务范畴纳入伦理道德的体系进行研究。作者认为,服务的主体、对象都是人的行为,这些人总是在一定生产关系下活动的"社会人",无不受特定的社会政治、经济、意识、道德、文化环境的制约和影响。这种无形的因素直接影响服务行为的全过程。所以,各经济主体无不细心地研究顾客的心理和需要,努力提高服务质量,使顾客获得满意,不断强化买方与卖方之间的关系。① 这种见解无疑涉及了服务范畴的经济伦理意蕴。窦炎国在《社会转型与现代伦理》(2004) 一书中则进一步认为:"服务应当成为现代商业道德的核心范畴"。"作为商业道德核心范畴的服务,其基本含义是:为消费者服务、为生产者服务,为实现社会生产和社会消费的平衡服务,这是商业劳动者的崇高职责和光荣义务;服务的质量和效果是判断商业劳动价值和商业劳动者道德觉悟的基本标准;积极参与商业服务是商业劳动者实现自身价值的途径,不断改进服务态度、扩大服务范围,提高服务质量是商业劳动者的理想追求。"② 这一论述无疑是对作为经济伦理的服务范畴的积极探索。毛世英在其《企业服务哲学》(2004) 一书中从哲学价值观的角度对客户服务的基本伦理原则和基本职业道德规范做了有益的探索。③ 卫建国在其《经济服务伦理论纲》(2012) 一文中认为,经济服务伦理是一种客观伦理关系,同时体现着商品所有者的意志对待关系,内含一定道德观念并受一定道德规范调节。④ 该文从伦理关系的视角对经济服务伦理的特性做了初步探讨,这是国内学者对经济服务伦理所做的颇具代表性的研究。

总之,我国学者对经济服务的伦理研究才刚刚起步。由于服务业和服务经济在我国的发展尚不成熟,经济服务所涉及的范围太广、渗透性

---

① 吕卓超,封斌奎. 服务经济学 [M]. 西安:西北大学出版社,1996.
② 窦炎国. 社会转型与现代伦理 [M]. 北京:中国政法大学出版社,2004:219.
③ 毛世英. 企业服务哲学 [M]. 北京:清华大学出版社,2004.
④ 卫建国. 经济服务伦理论纲 [J]. 道德与文明,2012 (3):120 – 126.

太强等原因，加上受传统经济服务思想观念的影响过深，人们对经济服务活动及方式的道德判断标准等问题并没有取得共识，有些问题尚未涉及或处于浅层次研究状态。因此，经济服务的伦理研究仍是一项亟待展开的工作。借鉴理论界已有的研究成果，继续深入探讨，厘清基本理论问题，具有十分重要的理论意义和现实意义。

1.3　经济服务伦理探究的时代意义

在现代经济服务迅速发展却面临高科技所带来的巨大挑战的背景下，借鉴理论界已有的研究成果，继续深入经济服务伦理探究，厘清基本理论问题，具有十分重要的意义。

1.3.1　经济服务伦理探究可以为经济服务的发展提供理论依据

经济服务伦理探究是一种交叉学科性质的工作，其内容涉及服务经济学、传统经济学、经济伦理学、环境伦理学、经济哲学、服务哲学、服务学等诸多学科，它是在广泛吸取这些学科的最新研究成果的基础上得以展开的。这意味着，通过综合的、边缘的和有效的研究，经济服务伦理探究可以深化和丰富伦理学特别是经济伦理学研究的内容。根据经济服务伦理原则，现代经济服务的许多现实问题都不仅仅是属于某一领域的问题，人们对它们的审视和评价必须从多个角度来进行才能达到正确的认识和结论。例如，我们认为，经济服务不是一个纯粹的经济问题，而是一个与社会伦理文化、自然生态环境密切地联系在一起的综合性问题。因此，它要求人们在看待和处理这一问题时，决不能仅仅把眼光局限于服务的经济效益，而应该将经济服务放在整个人类社会的背景下进行考察，从而达到正确认识经济服务本质的目的。经济服务伦理探究是适应经济服务发展新时代的要求而展开的，它立足于卓越服务的伦理追求，致力于用道德的效力实现经济服务的经济目标和伦理目标的有机整合与平衡，因而它所建立的价值体系将成为人们在发展服务经济过程中进行价值选择最有说服力的理论依据。

1.3.2 经济服务伦理探究可以为经济服务的发展和完善提供道德手段

随着当代科学技术的进步，人类社会经济服务化的趋势日益明显，我们正在走向一个经济服务迅速发展的新时代。然而，我们也日益受到高科技给经济服务发展所带来的巨大挑战。由于信息和网络技术的日益渗透，经济服务似乎已经披上了一件技术化的外衣而变得虚拟和冷漠，尽管经济服务的效益日益提高，但人们在经济服务交往中却越来越难以感受到经济服务的人性化内涵。正如有学者所说的："当今的技术创新，在使消费者与企业之间的互动更加流畅、简单的同时，也动摇了真正服务的根基。有太多的企业急于建立超前的数字鸿沟，用非人性化、冰冷的科技把自己包围起来。"① 这一问题的存在显然与人们对道德的忽略有关。人们似乎没有意识到伦理道德在经济服务发展中的重要性，而只是热衷于经济和法律等制度的规范。其实，道德从来就是调节人与人之间关系的最根本手段，经济或法律手段的运用往往离不开道德手段。经济服务的发展并不只是单纯的经济和技术的发展，它还应当是包含着伦理道德和人文精神的发展，这样的经济服务才是完善的。经济服务伦理探究就是为经济服务的发展提供一种合理的道德信念和有效的道德手段。

1.3.3 经济服务伦理探究可以为推动经济的服务化、促进经济转型提供伦理资源

人类在经历了农业经济、工业经济的历史阶段之后，正在步入一个

---

① ［美］卡尔·阿尔布瑞契特，让·詹姆克. 服务经济——让顾客价值回到企业舞台中心［M］. 唐果，译. 北京：中国社会科学出版社，2004：1.

基于全球化和信息化的新的服务经济时代。正如有学者所指出的："我
们的经济结构及交易方式都在不断改变，这个改变促使市场从产品为主
向服务至上转型。这个被艾考夫称之为'第二次工业革命'、被奈思比
叫作'信息社会开端'的转变，不仅千真万确，而且至关重要。"① 然
而，如果要把这种从产品到服务的重心转移充分转化为经济转型的推动
力，我们必须对经济服务的概念、本质以及经济服务管理重新加以认
识。经济的服务化不仅仅只在于服务业所创造的国民生产总值和就业
机会，它还应当是一个伦理化发展的过程。经济服务伦理探究就是要
探寻经济服务发展过程中的伦理特征和要求，明确经济服务发展的伦
理目标和追求，这无疑能为经济的服务化和现代经济的转型提供必要
的伦理资源。

1.3.4　经济服务伦理探究可以为加快我国服务经济的发展提供正确的价值导向

目前，中国经济正从高速增长向高质量发展转变，即将全面建成小
康社会。然而，相对于发达国家开始进入服务社会，逐渐步入经济服务
化时代相比，中国服务经济的发展还相对滞后。这种滞后固然与中国
"市场化程度低、产业化进程缓慢、国际化水平不高和城市化滞后"②
有关，但还有一个重要的原因，就是伦理文化的缺失。在现实生活当
中，我们也许经常会感受到餐馆服务员的无情，体会到宾馆前台的冷
漠，苦恼于那些电脑服务时放出的烦人音乐……这些无疑都是经济服务
伦理缺失的表现，它们让人感到经济的确是发展了，但顾客得到的被关
怀的感觉却越来越少了。如此看来，加快我国服务经济的发展，不仅需

---

① ［美］卡尔·阿尔布瑞契特，让·詹姆克. 服务经济——让顾客价值回到企业舞台中
心［M］. 唐果，译. 北京：中国社会科学出版社，2004：12.
② 黄维兵. 现代服务经济理论与中国服务业发展［M］. 成都：西南财经大学出版社，
2003：130.

要硬件的改善，更需要伦理的滋润。经济服务伦理研究的一些重要问题，如经济服务发展过程中的人本问题、效益问题、公平问题、可持续发展问题等，无疑能够对中国服务经济的发展提供有益的启示和正确的价值导向。

| 第 2 章 |

经济服务伦理探究的逻辑起点

本书试图从经济服务的分析中寻求伦理的秩序及它所内涵的道德要求，那么，首先就必须对经济服务进行定位，并找准经济服务伦理探究的切入点，从而为本书主题思想的展开奠下基础。经济服务是服务的一种类型，要对经济服务作出界定，则必须首先了解服务的概念，因此，我们先对服务范畴进行定位。接着本书在对服务范畴以及经济服务的一般性理解的基础上，从经济与伦理相结合的角度对经济服务进行了界定，并概括了经济服务的特征，这是经济服务伦理探究的前提和基础。

2.1 服务的一般含义和分类

"服务"是一个被广泛使用的一般的概念，但作为经济学术语却至今还没有一个统一的经济学定义，更多的是作为一种日常用语出现。服务二字在汉语中早已出现。服，有多种意义："穿着、佩带"曰服；"服事、服役"也称服，既可作名词，又可作动词。① 务，作动词解为

---

① 辞海编辑委员会. 辞海（下册）[M]. 上海：上海辞书出版社，1989：3943.

"从事"某种活动；作名词解为"事业、工作"。① 服和务组合在一起，成为一个专用名词，以反映一种社会活动和社会现象。服务的概念，按《辞海》的解释，一是指"为集体或为别人工作"；二是指"不以实物形式而以提供活劳动的形式满足他人某种特殊需要的活动"。② 在英语词典里，"service"有两个相近的意思，"work or duty done for someone"和"an act or job done in favor of someone"；意思都是"为某人做某事"。该词在语意上分解可有两部分：第一，主词是"work"或"act"，都表示一种活动"activity"，因此服务是一项活动，不是一个"产品"。第二，服务主体的行为是为了另一个主体对象（服务对象）获得利益，用经济学术语来讲，就是，服务作为一个劳动过程进入交换的条件是为服务对象提供使用价值。在英文中，service（服务）一词除了字面的意思外通常被解释为由以下七个单词（或方面）构成，即 smile（微笑）、excellence（优秀）、ready（准备好）、viewing（看待）、invitation（邀请）、creating（创造）、eye（眼神）。Smile：Smile for everyone，意指微笑待客。Excellence：Excellence in everything you do，意指精通业务；Ready：Ready at all times，意指随时准备为客人提供服务；Viewing：Viewing every customer as special，意指将每一位客人都视为特殊的和重要的人物；Invitation：Inviting your customer to return，意指要真诚邀请每一位顾客下次再度光临；Creating：Creating a warm atmosphere，意指为客人创造一个温馨的气氛；Eye：Eye contact that shows we care，意指要用眼神表达对客人的关心。无疑，英文的这一解释使服务的概念更具体化、更具操作性，同时也更显示出服务的人文意味和道德蕴含。对服务范畴的以上理解是正确定位服务以及经济服务的基础。

服务是一个不断发展的、历史的范畴，它的内涵并非是一成不变

---

① 辞海编辑委员会. 辞海（中册）[M]. 上海：上海辞书出版社，1989：2187.
② 辞海编辑委员会. 辞海（下册）[M]. 上海：上海辞书出版社，1989：3943.

的。在最原始的交往实践活动中，人们之间的协作与互助，还不以服务的形式出现。尽管这里面已有服务的萌芽，但还意识不到这里已有服务。随着生产力的发展，人们之间交往的扩大，出现了社会分工，人们分别进行不同的劳动，在不同行业中进行不同的操作，彼此为对方提供服务，这就出现了最广泛意义上的服务。这时不管人们认识与否，这种广义上的服务都已经客观存在。随着社会分工的进一步发展，一部分人从工农业生产中分离出来，只为他人提供非工农业产品的效用或有益活动，人们把这种现象称之为服务，事实上，这种认识是伴随着专门性的服务行业的出现而产生的。随着商品经济的发展和深入，特别是20世纪60年代以来，服务业得到快速发展，服务业在经济体系中的比重稳步上升。据统计，美国2000年就已经有88%的人从事服务业，而从事制造业的人只占10%，从事种养的人只占2%。服务业快速发展的趋势普遍存在于发达国家。同时，全球经济的服务化趋势也越来越明显，市场竞争的激烈化使产品的同质化趋势加强，服务的重要性进一步凸显，服务已逐渐渗透到了现代社会生活的各个领域。

在马克思看来，作为经济领域的一般范畴，服务是一种商品，是一种特殊的使用价值。马克思说："服务就是商品。服务有一定的使用价值（想象的或现实的）和一定的交换价值。"① 马克思进一步认为："服务这个名词，一般地说，不过是指这种劳动所提供的特殊使用价值，就像其他一切商品也提供自己的特殊使用价值一样；但是这种劳动的特殊使用价值在这里取得了'服务'这个特殊名称，是因为劳动不是作为物，而是作为活动提供服务的。"② 这就是马克思对服务这种人类行为的经济定位。马克思关于服务的这一界定首先肯定了服务是使用价值，可以进行市场交换；其次指出了服务作为一种特殊的商品体现为各种活

---

① 马克思恩格斯全集（第33卷）[M]. 2版. 北京：人民出版社，2004：144.
② 马克思恩格斯全集（第26卷第一册）[M]. 北京：人民出版社，1972：435.

动形式。服务作为一种特殊的使用价值，除了与一般商品所共有的满足生产和生活需要和体现社会财富之外，还可以节约社会劳动时间、提高社会劳动生产率；同时，与一般商品相比，服务还是一种运动形态的使用价值，是以活动形式提供使用价值，这种服务的运动过程就是服务劳动者的生产过程。马克思关于"服务是运动形态的使用价值"的看法对于我们定位和分析经济服务范畴有着重要的启示。尽管马克思所论述的服务范畴含义颇为繁杂，但他主要是从"运动形态的使用价值"这一角度来谈的，服务是由劳动提供的能够满足人们的物质、精神需要的运动形态的使用价值。马克思的这一论述是值得我们重视和借鉴的。这一意义上的服务包括一般的社会生活服务以及脑力劳动者的服务，一般的社会生活服务将随着社会化大生产导致的家务劳动的社会化而发展；而脑力劳动者的服务将随着生活资料中享受和发展资料比重的增大而逐渐扩展。这两种服务形式的发展反映了社会进步的历史趋势。至于马克思所论及的剥削阶级、统治者的所谓服务以及适应剥削阶级的享乐及腐化生活而存在的寄生性服务由于其非生产性和非劳动性而只是"服务的假象"①。马克思关于服务范畴的划分是建立在其对生产劳动与非生产劳动划分的基础上的，现在看来，马克思以生产关系为基础划分生产性劳动还是非生产性劳动有失偏颇。马克思强调了生产劳动的资本主义性质，但同时资本主义社会中仍然存在大量的非资本主义的生产活动，而且在生产技术变革的条件下，现代社会有些生产活动反而脱离资本主义生产组织独立出来，这种经济活动在经济服务中尤其明显，诸如科技信息服务、网络咨询服务等多种经济服务形式，在现代经济服务活动中占有极为重要的地位。因此，马克思的区分可能将一大部分人类的有用劳动分割在非生产劳动领域，而削弱"生产劳动"这一概念本身的意义。当然，我们也不能由此就抹杀马克思试图对不同的经济活动的经济性质

① 马克思恩格斯全集（第46卷上）[M].北京：人民出版社，1979：466.

进行区分的理论意义。总之，马克思关于服务范畴的理论对于我们研究经济服务理论是有着重要的借鉴意义的，但是由于马克思更多的是站在对资本主义服务范畴进行批判的立场上，再加上时代的局限性，因此，我们不能夸大马克思服务范畴理论的价值和解释力，那样只会招致对现代一些具体的经济服务问题和现象的掩盖和漠视，这绝不是积极发展马克思服务理论的态度。

根据以上分析，我们认为，服务的概念应反映以下几个要点：第一，服务是一个历史范畴，它伴随生产力的发展而发展，尤其是伴随着商品经济的发展而发展，并体现一定历史条件下的生产关系；第二，服务作为一个劳动过程应当反映出不同主体之间的社会关系。这一要点使服务与日常用语中使用的"服务"相区别，不至于使服务概念泛化，如自我服务就不是真正意义上的服务；第三，服务是动态的过程，不表现为静态的对象，服务消费者获得的是服务这一动态的过程，而不是静态的对象。这是把握商品与服务本质区别的关键。因此，服务的概念可以做这样的概括：在一定历史条件下，主体之间创造和交换物质或精神产品的劳动过程。

随着服务范围的不断扩大，服务的内容越来越丰富，形式也越来越多样。国内外学者根据不同的划分标准将服务分为各种不同的类型。如按服务对象进行划分，服务可分为为个人的服务、为集团的服务和为社会的服务；按性质划分，服务又可分为政治的服务、经济的服务和思想文化的服务；① 根据服务消费者对服务推广的参与程度可将服务分为三大类，即高接触性服务、中接触性服务和低接触性服务；根据提供服务的工具的不同，可划分为以机器设备为基础和以人为基础两种服务形式，而以人为基础的服务又可分为非技术性、技术性和专业性服务等；根据服务活动的本质，即按服务活动是有形的还是无形的以及服务对象

① 白仲尧. 服务经济论 [M]. 北京：东方出版社，1991：11-12.

是人还是物可以把服务分成四类：作用于人的有形服务如民航服务、理发，作用于物的有形服务如航空运输、草坪修整，作用于人的无形服务如广播、教育，以及作用于物的无形服务如保险、咨询服务，等等。①当然，对服务的这些划分并不是绝对的，如政治服务、经济服务、思想文化服务在一定条件下可以发生局部转化，而各种服务类型之间也是相互渗透的。以上这些分类无疑有助于我们加深对服务的理解，使我们能够比较准确地把握服务的一般含义。

我们根据服务是否以营利为目的，将服务分为两大类型：一是不以营利为目的的服务，如志愿服务、社区公共服务、政府职能服务等；二是以营利为目的的服务。本书所要探讨的是以营利为目的的，通过正当的经济行为来满足他人或社会需求的服务类型，我们称之为经济服务，经济服务是服务的最主要形式。这里把是否正当作为划分标准之一，是因为道德领域和经济学领域的命题不能混淆，经济学研究的方法和经济伦理研究的方法亦不能混同，经济伦理研究方法应当避免和反对把经济活动伦理化的做法，不能把经济问题搬到伦理领域中去解决。从纯经济学的角度来看，毒品服务、色情服务等活动是有价值的；而从道德的角度来看，它们是不正当的，即是具有负道德价值的。因此，我们所要探究的伦理意义上的经济服务只是限于通过正当的经济行为来满足他人或社会需求的服务类型。

2.2　经济服务的含义和特征

在经济学的研究中，人们一般认为，凡是把服务当作商品来生产和经营的都是经济服务，就是说，经济服务是以商品货币关系为基础的。

---

① 王超. 服务营销管理 [M]. 北京：中国对外经济贸易出版社，1999：5-6.

经济服务一般可以划分为生产服务、流通服务和消费服务。① 我们从对服务以及经济服务的一般性理解中可知，经济服务同样是一个历史范畴，是商品经济发展的产物。当服务仅仅作为生产、流通和消费等的附带劳动或辅助性劳动的时候，服务劳动是不独立的，它仅以自我服务的形式存在。只有当自我服务转变为社会性的服务，不是由物质商品生产者或消费者本人来进行，而是由另外的劳动者来提供，经济服务才成为一种独立的劳动活动，因此，经济服务是一种社会性的生产活动。经济服务作为独立的事物面世，便同商品、货币结下了亲密关系。换句话说，经济服务是在被当作商品同其他商品进行交换的时候，它才是独立的，它才是存在的。最早的交通服务、旅店服务、饮食服务，因其能够同其他商品相交换，能够补偿其劳动耗费，它们才能生存和发展。所以，经济性的服务同时也是商品性的服务。当然，在若干年以后，人类进入了产品经济时代，商品经济自行消亡，经济服务的商品性质也会消亡，但社会服务仍继续存在，只是不具有商品性质。自给性服务与商品性服务既互相排斥、又互相依存和互相转化。自给性服务是相对商品性服务而言。在经济服务发展的初级阶段，它以自我服务的形式存在于个别生产过程或消费过程之中，是自给性的，但这已是经济服务的萌芽，自我服务比较恰当地反映了这种萌芽状态。发展了的经济服务，是从个别生产过程脱离出来，摆脱了自我经济服务状态，已成长为社会经济服务。自给性经济服务转化为商品性经济服务，除了商品货币关系的存在之外，还是经济服务生产过程的独立化，它以个别劳动的面貌出现。经济服务劳动者的劳动能否由个别劳动转化为社会劳动，要通过商品交换、通过市场才能够完成。因此，一部分社会服务活动采取了商品的形式，成为商品性服务。在现实生活中，一部分服务的商品性质比较稳定，如旅游、旅店、运输、邮电、洗染、理发等；另一部分服务的商品

---

① 白仲尧. 服务经济论 [M]. 北京：东方出版社，1991：19.

性质则视国家的财力与政策指导思想的不同而相差，如教育、文化等方面的某些服务。①

以上是从经济学角度对经济服务所作的一般性理解，我们认为，经济服务是一种与伦理道德有着非常密切关系的服务实践活动，不能单纯从经济学层面上来把握经济服务范畴的内涵，伦理道德是其不可忽视的重要方面。经济服务的发展，特别是现代高科技背景下经济服务发展所遇到的种种挑战，使人们不能无视伦理道德的重要意义和价值，经济服务应当个是一个富含伦理道德价值的现代问题，经济服务的持久高效和卓越的发展必然要求将伦理道德纳入自己的视野，使经济服务与伦理道德有机地融合起来。因此，从伦理的角度来出发，我们将经济服务界定为：在一定的历史条件下，经济主体为了实现一定目的，依据一定的经济原则和伦理准则所进行的服务实践活动。这一概念说明：

1. 经济服务是一种实现经济目的的活动。经济服务是人的活动，人的活动都是有目的的。人是自然界唯一有理性的动物，其一切活动都必须经过大脑思考，都是为了达到预期的目的，包括道德目的。正如马克思所说："蜘蛛的活动与织工的活动相似，蜜蜂建筑蜂房的本领使人间的许多建筑师感到惭愧。但是，最蹩脚的建筑师从一开始就比最灵巧的蜜蜂高明的地方，是他在用蜂蜡建筑蜂房以前，已经在自己的头脑中把它建成了。劳动过程结束时得到的结果，在这个过程开始时就已经在劳动者的表象中存在着，即已经观念地存在着。他不仅使自然物发生形式变化，同时他还在自然物中实现自己的目的，这个目的是他所知道的，是作为规律决定着他的活动的方式和方法的，他必须使他的意志服从这个目的。"② 经济服务作为人类的一项基本的社会实践活动，同样是人的有目的、有意识的活动，人类总是要把自己的目的、意识贯注到

---

① 白仲尧. 服务经济论 [M]. 北京：东方出版社，1991：22 – 23.
② 马克思恩格斯全集（第 44 卷）[M]. 2 版. 北京：人民出版社，2001：208.

经济服务活动过程之中，以求得发展，实现目标。经济服务的这种目的性主要体现在经济服务的主客体是互为目的的，即服务生产者是以服务消费者为目的的，而服务消费者是以服务生产者为目的的，当然这种目的既包括伦理的目的，也包括非伦理的目的。这种主客体的互为目的性正体现了经济服务的伦理本质。

2. 经济服务是一种伦理价值选择活动。经济服务是人类的一种合目的性的价值选择活动，在这种价值选择活动中，人类所选择的价值目标必然包含各种伦理的价值目标，因为经济服务作为人的一种经济活动，是受伦理的制约和影响的。经济服务离不开人的价值观特别是伦理道德观念的支撑和推动。也就是说，经济服务不能没有伦理道德的指导和规约，某种经济服务理念的形成、某种经济服务方式的选择不能不受伦理的制约，而其目的中也不能没有伦理目的的介入。如效益与公平、竞争与合作等经济伦理原则就制约着经济服务活动，经济服务既包含经济的目的，又包含伦理道德的目的，它始终是一种以人为中心，内含着人的发展目的的服务实践活动。

3. 经济服务需要伦理的导向和约束。经济服务活动的顺利展开必须有伦理道德的导向和约束。如前文所述，经济服务是随着商品经济的发展而发展，其运作是以市场为中介和平台的。所谓市场，"是买者和卖者相互作用并共同决定商品或劳务的价格和交易数量的机制"①。著名经济学家萨缪尔森在其《经济学》一书中说明了市场这种经济服务机制要解决三个基本问题，即"生产什么、如何生产和为谁生产"。"生产什么"是指"一个社会必须决定，在诸多可能的物品和劳务之中，每一种应该生产多少以及何时生产"；"如何生产"是指"一个社会必须决定谁来生产，使用何种资源，以及采用何种生产技术"；"为

① ［美］保罗·萨缪尔森，威廉·诺德豪斯．经济学［M］.16版．萧琛，等译．北京：华夏出版社，1999：21.

谁生产"是指"谁来享受经济活动的成果呢？或者，用正规的语言来说，社会产品如何在不同的居民之间进行分配呢？我们的社会是否将是一个富人很少而穷人很多的社会？经理、运动员、工人还是地主，谁应当得到高的收入？社会应该给穷人提供最低消费，还是严酷地遵循不劳动者不得食的原则？"① 从经济服务的角度来看，因为经济服务也是一种生产活动，那么，上述三个问题就可以置换为"生产什么服务""如何生产服务"和"为谁生产服务"。这三个基本问题的解决都必须依赖于一定的伦理道德。"生产什么服务"涉及经济服务的伦理取向和目的，涉及经济服务的内容是否对社会和人的发展有价值。因此，"生产什么服务"的问题并不仅仅是一个经济服务内容的问题，它还是一个涉及价值观、伦理观的问题。可以说，经济服务的内容必须要有正确的伦理价值观作导向。毒品服务、色情服务因其对社会和人的发展的有害性和不道德性而被排除在经济服务范围之外；"如何生产服务"的问题，既包括服务标准、服务技术的问题，也包括经济服务中服务者与被服务者之间的交往、合作与协调的问题。正是在这种交往合作关系中，伦理道德起着十分重要的作用。如果没有一定的伦理规范的约束，服务者与被服务者之间的交往关系就不可能协调一致，就不可能达成有效的服务。如经济服务生产者和经济服务消费者之间应当相互尊重，诚实守信；"为谁生产服务"，也就是经济服务的目的和服务资源的分配问题，这更涉及伦理道德。从社会层面上看，它涉及的是为满足社会大多数人的需要而生产服务，还是为少数人而生产服务的问题，涉及经济服务中的公平问题。从经济服务生产者的层面来看，则涉及利己与利他、个别经济效益与社会经济效益的问题。总之，经济服务中的三个基本问题的解决都离不开伦理道德的作用，都要求有伦理道德的导向和约束。

---

① ［美］保罗·萨缪尔森，威廉·诺德豪斯. 经济学［M］. 16 版. 萧琛，等译. 北京：华夏出版社，1999：5.

以上分析表明，经济服务是一个历史的范畴，是商品经济发展的产物；同时，经济服务还是一个动态的运行过程，它随着商品经济的发展而发展。与其他经济活动和服务形式相比较，经济服务具有自己的特征，经济服务的特征是我们对经济服务进行伦理探究的重要依据。经济服务是一种经济实践活动，但它区别于其他的经济活动而具有服务活动的特征；同时，经济服务又区别于其他类型的服务活动而具有经济的特征，它是以赢利为基本目的的经营性活动，必须遵循一定的经济规律和道德准则。归纳起来，经济服务具有以下几个显著特征：

1. 经济服务的无形性。尽管有些经济服务形式具有一定的实体成分，例如餐饮服务中的食品、快递服务中的邮件、修理服务中的零部件、演唱服务中的光盘等，但它们只是经济服务过程的载体和工具，从本质上说，经济服务是一种非实体的无形的经济过程或现象，经济服务是无形的。这一特征实际上是根源于服务的动态性。在经济服务活动过程中，经济服务的非实体的无形性特征往往被当作经济服务评价的标准。正因为经济服务的无形性，经济服务过程不能像有形产品那样客观静态地展示在消费者面前，消费者在消费经济服务产品时也难以确定其品质而要承受不确定的风险，因此，经济服务主体必须特别注重自身的信誉和形象，必须重视经济服务的精神和道德内涵。经济服务在满足人们的物质需求的同时，与其他有形产品相比应更多地满足人们的精神需要，卓越的经济服务不会仅仅停留在给人们的生活带来便利，更重要的是要能给人们带来精神上的愉悦和道德上的享受。

2. 经济服务的生产过程与消费过程的同一性。经济服务的生产过程是经济服务生产者借助生产工具、通过服务劳动达成经济服务消费者所需要的某种结果的过程。与一般商品消费存在本质不同的地方是，服务消费者所消费的不是服务劳动者的劳动结果，而是其整个劳动过程。在这一点上，马克思是正确的，即服务是运动形态的使用价值，实际就是服务劳动者的劳动过程。经济服务的生产过程与消费过程的同一性表明，经济服务是经济服务生产者和经济服务消费者的互动过程，经济服务产品的生产是在和消费者的交往中产生的，消费者始终参与服务过程，经济服务产品的生产、交换和消费在绝大多数情况下是同一过程。例如，顾客在接受发型师的设计和服务后，理发服务的生产和消费就会同时结束；航空服务的生产过程同时又是旅客的服务产品消费过程。消费者参与经济服务活动过程则意味着经济服务生产者和经济服务消费者是直接接触的，而且这一过程也是经济服务主体之间的情感交流与传递的过程，因此，人本服务的理念必然在经济服务中凸显。经济服务中生产和消费的同一性特征使得经济服务产品在出售和消费之前无法进行事前的质量控制，经济服务质量的控制必须在经济服务的生产和消费的同时予以实施，因而经济服务主体必须尤为注重服务质量，应当努力达成经济服务生产和消费的和谐与统一。相比其他经济活动，经济服务有着更高的质量要求，有着更多的人文意蕴和道德内涵。

3. 经济服务质量检验标准的主观性。消费者对经济服务质量的评价是一个知觉过程，带有主观性。经济服务质量的检验一方面具有诸如服务技术、服务制度等有形的客观检验标准；另一方面由于消费者个体的差异性，经济服务质量的检验标准往往无法完全统一而呈现出主观性，经济服务的品质亦因此而呈现出异质性。在经济服务过程中，"提供给一个顾客的服务不可能与提供给下一个顾客的服务会完全相同。因为在这两种场合下的社会关系是不同的，当然还可能有其他的原因。两位顾客相继接受 ATM（自动取款）服务，两个人对屏幕显示的指示在理解上会存在差异。"① 因此，经济服务在一定程度上是由消费者的满意度来衡量其服务质量，只有消费者满意的服务才是良好的服务。经济服务质量检验标准的主观性特征使得经济服务主体必须不断进行服务创新，提

————————
① ［芬兰］克里斯蒂·格鲁诺斯. 服务市场营销管理［M］. 吴晓云，等译. 上海：复旦大学出版社，1998：31.

供个性化服务，保持稳定的服务品质，最大化地满足消费者的需求。

4. 经济规律和道德准则的制约性。经济服务是一个遵循一定经济规律和道德准则的经营性活动过程。一方面，经济服务是一种以营利为目的的经济行为，它不同于政治服务、思想文化服务等其他服务形式，必须遵循一定的经济规律和市场原则，如价值规律、等价交换原则等；另一方面，经济服务又是一种合法守德的经济性行为，不仅要受到法律的约束，还要受到伦理道德的调控和制约，诸如诚实守信、公平竞争等市场经济伦理原则在经济服务过程中发挥着重要作用。

需要说明的是，以上对经济服务特征的分析是从经济服务的整体的角度来进行的，经济服务的任何特点、征象和标志都不是绝对的，随着经济服务活动的丰富和发展，经济服务将呈现出更多新的特征。经济服务的特征内在地规定着效益、公平、竞争、合作等经济服务的伦理原则，昭示着经济服务走向服务卓越的发展趋势。这些特征是经济服务伦理探究的重要依据。

2.3　经济服务伦理的逻辑起点

我们以对经济服务的含义和特征的分析为基础，以道德的经济人作为经济服务伦理的逻辑起点逐步展开论述。道德的经济人是对理性经济人的一种扬弃，是一种理论抽象。在经济服务活动中，道德的经济人就是经济服务范畴的人格化，即表现为经济服务生产者和经济服务消费者。

2.3.1　道德的经济人：经济人与道德人的统一

一般认为，"经济人"是指处在经济利益关系中，以追求利润和最大经济效益为目标的行为主体的设定。受经济规律的支配，"经济人"

的行为特征是经济必然性的谋利要求在主体行为中的体现。"经济人"
具有如下特性：第一，自利，即追求自身利益是经济人经济行为的根本
动机。第二，理性行为，即经济人能根据市场情况、自身处境和自身利
益理性地作出判断，使自己的行为追求利益的最大化。第三，公共利
益，即只要有良好的法律和制度的保证，经济人追求个人利益最大化的
自由行动会无意识地、卓有成效地增进社会的公共利益。①　实质上，经
济人是"人类对自己从事的经济活动的本质属性的一种理性的抽象思维
的结果"，它"反映了市场经济中从事经济活动的人的本性"②，这是正
确理解经济人这一科学概念以及解读经济人与道德人关系的前提和方法
论基础。经济人这一概念是人类理性的抽象思维的产物，意味着对人的
丰富的属性做理性的抽象思维时，抽去人在经济活动领域之外的一切属
性，只考察人的经济活动；在分析研究人的经济活动时，抽去人的各种
经济活动的具体属性，抽象出人的经济活动的具有普遍性的本质特性，
这种人的经济活动本质特性的人格化就是经济人。同时，"经济人的概
念或范畴又是市场经济形态的产物，反映了市场经济中从事经济活动人
的本性，源于市场经济的体制和运行机制，而不是源于人的本性"③。
市场经济是以商品生产占统治地位的经济形态，经济范畴本来是客观的
经济活动的反映，反映了人在经济活动中的本质属性。只要是社会的现
实的人必然处于经济关系中的一定地位，承担一定的经济活动，人作为
经济活动的主体就是一定经济范畴的人格化。可以说，一定经济范畴人
格化就产生出经济人这一概念。所谓"道德人"一般是指处在特定的
道德关系中，以追求特定的道德价值目标的行为主体的设定。道德人的
行为受道德规范的支配，其行为特征是道德必然性的利他要求的觉悟而
形成的道德自律。"道德人"具有下列特性：第一，利他，在追求自己

---

① 杨春学. 经济人与社会秩序分析 [M]. 上海：上海三联书店，1998：11 - 12.
②③ 章海山. 解开经济人的伦理情结 [J]. 江苏社会科学，2000 (3)：104 - 106.

利益时总是优先考虑他人、集体的利益，即"己欲立而立人，己欲达而达人"。第二，理智行为，道德人根据社会、集体的价值目标理智地作出选择，使自己的行为符合社会、集体的需要。第三，崇高价值，包括道德理想的追求和增进集体福利的追求。[①] 事实上，道德人也是一种理论抽象，是人类对自己从事的道德活动的本质属性的一种理性的抽象思维的结果，反映了从事道德活动的人的本性。道德人这一概念是人类理性的抽象思维的产物，意味着对人的丰富的属性做理性的抽象思维时，抽去人在道德活动领域之外的一切属性，只考察人的道德活动；在分析研究人的道德活动时，抽去人的各种道德活动的具体属性，抽象出人的道德活动的具有普遍性的本质特性，这种人的道德活动本质特性的人格化就是道德人。

然而，在现实的经济交往中，经济主体进行经济活动的动机和目的除了追求自我物质利益最大化的目标之外，还具有追求精神利益、社会效益最大化的目标。人们选择一种经济活动形式，同时也是选择一种生活方式和一种道德环境。事实证明，任何从事经济活动的团体和个人，其经济行为对社会的生存和发展，对人类的进步和社会的完善，都将产生一定的影响，因而对他人和社会都负有道德责任，也就应当接受社会道德对其行为的评价、规范和约束，并以此作为自己从事经济活动的思想道德基础。可见，经济行为与道德行为总是相互联系、相互渗透的。这也说明，在现实的经济生活中，纯粹的"经济人"和纯粹的经济行为都是不存在的。因为"任何一个人都不可能仅仅生活于市场经济领域，即使一个市场经济行为再多的人，他也总要有种种非市场经济行为"[②]，而人的市场经济行为也必然渗透着其他非市场经济行为（包括道德行为），受其他非市场经济行为（特别是道德行为）的影响和制

---

① 吴育林，曾纪川. 论市场经济条件下"经济人"和"道德人"的同构性 [J]. 教学与研究，2004（5）：83-86.

② 王海明. 新伦理学 [M]. 北京：商务印书馆，2001：272.

约。正如德国著名经济伦理学家彼得·科斯洛夫斯基所说："意识活动和追求必须能够在财物和价值特性之间，不仅仅从经济学上，而且从伦理学和美学上，作出抉择。"① 同时，道德也不要求是超功利的，在现实的社会生活中，并没有纯粹的"道德人"，也没有纯粹的道德行为，人们的道德行为总是要受到经济利益的影响。马克思早就指出："人们奋斗所争取的一切，都同他们的利益有关"②，又说，道德"'思想'一旦离开'利益'，就一定会使自己出丑"③。因此，道德并不要求超功利性，道德的根源和基础在于经济关系，"人们自觉地或不自觉地，归根到底总是从他们阶级地位所依据的实际关系中——从他们进行生产和交换的经济关系中，获得自己的伦理观念。"④，纯粹的不具功利性的"道德人"是不存在的。

据以上分析，合理的结论应当是：在现实的经济生活中，经济人与道德人是紧密关联、相互统一的。对于经济人来说，利他的道德行为对于经济交易秩序和社会交往有着一定的意义，正如诺斯说道德作为一种非正规约束能够降低交易成本，而迪尔凯姆说道德作为一种社会连带机制巩固着社会内聚。另外，经济学所承认的人的求利动机的正当性、激励有效益的行为也可以看成是道德的，市场经济所带来的自由、平等也符合伦理学上所讲的"善"，经济人和道德人是相容的。经济人具有道德属性，而道德人亦应当具有经济的规定性。经济人和道德人概念中之所以包含自身否定性的道德和经济的规定性，原因在于经济人和道德人都只是一个科学的抽象，而现实生活中人是多种因素的矛盾综合体，一旦进入现实生活中，各种非经济因素尤其道德对经济人的动机、手段、

---

① ［德］彼得·科斯洛夫斯基. 伦理经济学原理［M］. 孙瑜，译. 北京：中国社会科学出版社，1997：86.

② 马克思恩格斯全集（第 1 卷）［M］. 北京：人民出版社，1956：82.

③ 马克思恩格斯全集（第 2 卷）［M］. 北京：人民出版社，1957：103.

④ 马克思恩格斯选集（第 3 卷）［M］. 2 版. 北京：人民出版社，1995：434.

效果的影响和作用是必然的，而经济因素对道德人的动机、效果等的影响和作用也是不可避免的。经济人与道德人的这种相互关联和统一性就为道德的经济人的存在提供了现实的依据。所谓"道德的经济人"是对理性经济人的一种扬弃，是指具有经济伦理德性的道德经济人。进一步分析，这是由市场经济中经济主体的二重性和商品生产的二重性共同决定的。① 从主观上看，一方面，市场经济中的经济主体，都具有自然性，这决定了他们要实现自身物质利益最大化。另一方面，市场经济中的经济主体，还具有社会性，这决定了他们要获得社会的承认、尊重、信任和赞美，也就是要实现精神利益、社会效益的最大化。从客观上看，商品生产的二重性是道德的经济人存在的客观条件。市场经济中商品生产的劳动具有二重性，既是私人劳动，同时又是社会劳动；市场经济中商品的价值也具有二重性，既是个别价值，又是一般社会价值。私人劳动要转化为社会劳动、个别价值要转化为一般社会价值必须通过市场交换活动。在市场交换过程中，商品生产者要实现个人利益的最大化，必须要为社会提供最大化的劳动、最大化的价值。一旦私人劳动、个别价值转化为社会劳动、一般社会价值，商品生产者就既满足了自我的物质利益需要，同时又满足了他人与社会的物质利益需要。人们在商品生产和交换过程中表现出的利于他人、利于社会的行为倾向，为道德的经济人的存在提供了客观条件。总之，对于道德的经济人来讲，投身经济的最终目的是要获得更多的利益，无论是个人的发展还是社会的进步，都需要利益的推动，因此我们应当承认道德的经济人追求自身利益最大化的合理性；同时，道德的经济人又是讲道德的，其经济活动和求利行为决不能损害正义、道义原则，而应当以正当合理的手段获取利益。道德的经济人绝不是自私自利、唯利是图的纯粹经济人，而是有道德、讲道德的经济人。

---

① 王兴尚. 论"经济人"的经济伦理德性 [J]. 经济论坛, 2004 (9): 7 - 8.

经济服务首先是一种劳动活动，是人类有目的的经济行为。人们为什么要对社会、对他人提供服务，首先是在于经济利益上的追求。这也是经济人追求自我物质利益最大化的动机和目标驱使的结果。但经济服务作为人们的一种特殊的经济交往活动，其服务行为选择不能只停留在物质利益的和效用的最大化上，更要涉及价值判断和道德选择。在经济服务交往过程中，道德的经济人能够自觉克服短期的、片面的谋利冲动，为获得长远的、完整的利益而做出价值选择。经济主体在经济服务过程中，通过创造和相互提供物质或精神产品，彼此都得到物质或精神上的满足。在市场经济条件下，经济服务活动得以顺利进行和发展，经济主体必然不能只考虑自身的短期片面的经济利益追求，而是应当在获得自身利益的同时考虑他人利益以及长远和完整的社会利益，这也是道德的经济人应有的价值追求。由此看来，道德的经济人应当成为经济服务伦理探究的逻辑起点。它是经济服务伦理探究的客观依据和基础，体现着经济服务的伦理原则和目标的最本质的规定性，是经济服务伦理探究从抽象上升到具体的重要环节，是贯穿整个经济服务伦理探究过程的一条"红线"。这种经济服务活动中的道德的经济人就是经济服务范畴的人格化，即经济服务生产者和经济服务消费者。

2.3.2 经济服务范畴的人格化：经济服务生产者与经济服务消费者

所谓范畴（categories），是指"反映事物本质属性和普遍联系的基本概念，人类思维的逻辑形式"[1]。所谓经济范畴，则是指"人们在社会实践中所取得的大量社会经济材料的基础上，经过抽象思维，从现象深入到本质，由感性认识上升为理性认识而形成的逻辑概念"，是"一定社会生产关系和经济关系的理论表现"。[2] 经济范畴是人类思维抽象

---

[1] 中国大百科全书·哲学Ⅰ［M］. 北京：中国大百科全书出版社，1987：200.

[2] 王儒化，张新安. 马克思主义政治经济学辞典［M］. 北京：中国经济出版社，1992：9.

的结果，它们是一种科学的抽象，形式上是主观的，内容上却是客观的。马克思就曾指出："在研究经济范畴的发展时，正如在研究任何历史科学、社会科学时一样，应当时刻把握住：无论在现实中或在头脑中，主体——这里是现代资产阶级社会——都是既定的；因而范畴表现这个一定社会即这个主体的存在形式、存在规定，常常只是个别的侧面；因此，这个一定社会在科学上也绝不是在把它当作这样一个社会来谈论的时候才开始存在的。"① 马克思在这里实际上是说明抽象的经济范畴与现实的资本主义物质生产发展的关系，这是一种"从抽象到具体"的历史唯物主义的观点和逻辑，是我们研究经济范畴的方法论基础。经济范畴都是一定的经济形态的不同经济主体之间的经济关系的反映，它们并不是独立于人类经济活动之外的永恒的东西。同时，经济范畴又有它自身的发展历史，经历了从简单到复杂，从具体到抽象的过程，这恰恰反映了经济发展过程中，人们之间经济关系从简单到复杂的内涵越来越丰富的进程。经济范畴反映着人类的经济生活和经济关系，并能够反映人在经济活动中的本质属性。马克思在《资本论》中指出，人是社会动物，每个人都是一定社会关系的产物，将延续并创造一定的社会关系。这就说明，只要是社会的现实的人必然处于经济关系中的一定地位，承担一定的经济活动。马克思强调：当我们把人主要看作经济活动及其关系的承担者时，人也就"只是经济范畴的人格化，是一定的阶级关系和利益的承担者。……不管个人在主观上怎样超脱各种关系，他在社会意义上总是这些关系的产物"②。这就是说，"在经济形态的运动中，涉及人的经济范畴是由一定的人来承担的，承担什么样的经济范畴，这个人的人格等必定由该经济范畴的特性所决定，因为他承担着一定的经济关系和利益。……个人在经济活动中处于何种经济范畴，该经

① 马克思恩格斯选集（第2卷）[M].2版.北京：人民出版社，1995：24.
② 马克思恩格斯选集（第2卷）[M].2版.北京：人民出版社，1995：101-102.

济范畴的属性决定此人的行为、品行和德行等等。"① 在这里，"人作为经济活动的主体就是一定经济范畴的人格化。可以说，一定经济范畴人格化就产生出经济人这一概念。"② 马克思把经济范畴的人格化最终归结为经济关系的人格化，他指出，在商品交换过程中，商品生产者"彼此只是作为商品的代表即商品占有者而存在。……人们扮演的经济角色不过是经济关系的人格化，人们是作为这种关系的承担者而彼此对立着的"③。人们在经济关系中会扮演各种经济角色，例如他可能是商品生产者，也可能是商品消费者，在商品交换中他可能是买者，也可能是卖者。同样，在经济服务关系中，就会有经济服务生产者和经济服务消费者，在经济服务交换过程中，就会有经济服务提供者和经济服务接收者，而因为经济服务的特殊性，即经济服务的生产和消费往往处于同一过程，因此，在经济服务关系中，所谓经济服务范畴的人格化，就是经济服务生产者和经济服务消费者，或者说，经济服务关系的人格化就表现为经济服务关系的承担者，也就是经济服务生产者和经济服务消费者。这样，经济服务范畴的人格化就不再停留在抽象形式上，而是表现在具体的经济角色身上。在经济服务关系中，我们就可以把经济服务活动的主体放在经济服务这一范畴当中来考察他在经济活动中的动机和活动方式，以及由此而决定的他的品性、人格、道德等。

经济服务范畴的人格化是经济服务伦理探究的根本方法，它解决了评价经济服务活动和人本身关系的伦理态度和标准。所谓"人格化"，指人在经济活动中所支出的体力方面的和精神方面的总和。经济服务范畴的人格化，表明人作为经济服务主体在经济服务活动方面和人文道德方面的双重支付，是道德的经济人的一种特殊活动；表明了人在经济服

---

① 章海山. 经济伦理论——马克思主义经济伦理思想研究 [M]. 广州：中山大学出版社，2001：65.

② 章海山. 解开经济人的伦理情结 [J]. 江苏社会科学，2000 (3)：104 - 106.

③ 马克思恩格斯选集（第2卷）[M]. 2 版. 北京：人民出版社，1995：143.

务活动中追求物质目的和为社会、他人服务二者之间的矛盾，以及在这一过程中趋于统一的趋势和格局。经济范畴的人格化意味着"在经济活动中扮演一定经济角色的人，他只不过是一定经济范畴的承担者，他的活动及伦理道德客观地由该经济范畴性质所规定"①。同样，经济服务范畴的人格化就意味着经济服务主体的活动及其伦理道德就是由经济服务范畴的性质所决定。在经济的社会形态中，生产都是为了消费，所不同的是，在自然经济条件下，生产者是为了自身及其家庭的消费而生产；在商品经济条件下，生产者是为了他人或社会的消费而生产，并通过交换实现生产到消费的过渡。正如马克思所说的："消费不仅是使产品成为产品的最后行为，而且也是使生产者成为生产者的最后行为。"②因此，"生产是为了消费"是经济活动的基本规律，经济服务活动也不例外，就是说，经济服务生产是为了经济服务消费。同时，经济服务作为一种过程性的经济活动，与其他经济行为和活动相比，往往具有"生产过程和消费过程的同一性"的性质和特征，即在绝大多数情况下，服务只能表现出来，而不能储存起来，也就是说，大部分服务的"结果"是不可积累的，或者说服务的使用是不可重复的。例如，医院的专家门诊不能事先"存贮"起来，以供病人求诊高峰时使用；航空公司不能将某次航班的空位库存起来，以供下次出售。就服务消费者来说，他也不能把"门诊专家的服务""某次航班的空位"携带回家安放起来，以供今后急需时使用。经济服务的生产和消费过程的同一性也就决定了在经济服务过程中，经济服务消费者总是参与经济服务的生产过程，经济服务过程存在着一种经济服务生产者和经济服务消费者的特殊的交往关系。根据经济服务的特征，经济服务是一种经济服务生产者与经济服务消费者之间的交往互动过程，它具有信息、情感、道德等的互动性与沟

---

① 章海山. 经济伦理论——马克思主义经济伦理思想研究 [M]. 广州：中山大学出版社，2001：72.

② 马克思恩格斯选集（第2卷）[M]. 2版. 北京：人民出版社，1995：11.

通性。经济服务生产者和经济服务消费者通过经济服务交往的最基本的工具即言行使双方得以相互了解，使经济服务活动得以顺利展开。在经济服务活动中，服务的每一项经济活动中除通过交换而发生的经济利益关系外，还普遍存在着经济服务生产者同经济服务消费者之间的直接接触或间接联系，在接触或联系中必然存在直接或间接的交往关系。这种交往关系是经济服务活动的一大特点和重要内容。例如，医生为患者诊断病情和治疗，既需要病人亲自到场，又需要有病人的配合，否则医生就不可能进行劳动，病人是医生的直接服务对象和劳动对象。在这一服务过程中，不仅有双方交换劳动的经济关系，还有他们之间的交往关系，即他们作为社会的一员彼此间发生一种人类社会赖以存在和发展的交往关系。这种交往关系在旅游服务中表现得尤为突出和明显。旅游者在整个旅游消费过程中不仅同服务一方的导游以及旅店和餐厅的服务劳动者发生交往关系，而且要同其他游客，同异国、异地的人们发生交往关系，获得前所未闻的风土、习俗以及生活方式的新知识。① 一般商品交换过程中，无论是商品提供者还是商品购买者，都只同商品发生关系，也就是说，卖者关心的是商品的销售数量和价格，买者关心的不仅是商品的价格，还有它的数量和质量，卖者与买者是通过对物的关心而彼此发生交换关系的。而服务商品的交换关系则不同，服务商品的销售既是服务生产者和服务消费者之间的交换过程，同时也是服务消费者向服务生产者直接提出服务商品质量和数量要求的过程。经济服务消费者总是作为经济服务生产者的服务劳动对象参与生产过程；经济服务生产者又总是作为服务产品的提供者而直接加入服务消费者的消费过程。这是由服务产品的生产方式和消费方式所决定的，是任何社会力量也改变不了的客观规律。在经济服务生产者和经济服务消费者的直接接触过程中，经济服务生产者不会只是简单地把服务对象视为自己产品的消费者

---

① 高涤陈，白景明．服务经济学［M］．郑州：河南人民出版社，1990：6 - 7．

和必不可少的劳动对象，而且还会把服务对象当作一个有思想、有感情，会从一般道德规范和标准来评价经济服务生产活动的人；同样，经济服务消费者也会从伦理道德、政治思想、技术水平等各个方面来评价、理解经济服务生产者的行为、语言以至于内心活动。这样，经济服务生产者和经济服务消费者之间的以交换关系为纽带、以服务商品生产特点和消费特点为基本原因的相互接触过程，既是一种经济过程，同时也是一种社会交往和道德交往过程。这种社会交往和道德交往过程不仅具有一般经济交往和社会交往过程所具有的基本属性，而且具有独特的存在方式。经济服务交往过程是经济服务生产者和经济服务消费者各自运用言行影响对方内心世界的复杂过程。通过这种交往，经济服务生产者可以充分认识到自身经济服务活动的社会意义，并感受到自身价值（包括道德价值）的实现；而经济服务消费者则可以对自己的社会地位和社会价值观念有更深一步的认识。经济服务生产者与经济服务消费者之间的这样一种特殊的交往关系，实质上是二者之间的一种平等的人格交往和道德交往，这种交往关系背后实际上是人格的实现、意志的贯彻和需要的获得。这既包括经济服务生产者利益的获得和价值的实现以及服务意志的贯彻和实现，又包括经济服务消费者某种物质需要或精神需要的满足。显然，经济服务体现了一种人与人之间平等、合作与互惠的道德交往关系。正如丹尼尔·贝尔所指出的，服务的"首要目标是处理人际关系（game between persons）。从一个研究室的组织，一直到医生和病人、教师同学生、政府官员与请愿者之间的关系——一言以蔽之，它的模式就是科学知识、高等教育和团体组织合成的世界——其中的原则是合作和互惠，而不是协调和等级。"① 因此，经济服务过程的特殊性就在于它是一种经济服务生产者和经济服务消费者之间的价值互动和

---

① ［美］丹尼尔·贝尔. 资本主义文化矛盾［M］. 赵一凡，等译. 北京：三联书店，1989：198－199.

道德评价过程，经济服务必然内含着伦理道德的因素。

在市场经济条件下，经济服务的"生产是为了消费"的规律以及"生产和消费过程的同一性"的性质和特征就要求经济服务主体在整个服务过程中，必须以满足消费者和顾客需求为中心，主动地使经济服务产品和消费者的需要相适应，从而实现经济服务生产和经济服务消费的有机统一。由此看来，经济服务过程的规律和性质决定了经济服务主体的行为和活动必然体现以消费者为中心、顾客至上的服务精神；决定了经济服务活动必然蕴含着真诚、周到、热情服务的基本道德要求；决定了经济服务应当追求卓越服务的境界。实际上，作为人的一种经济实践活动，经济服务不是某种纯客观的孤立的单纯的经济活动，而是主观与客观相统一的有目的的实践，是联系主观与客观的桥梁的一种特殊的交往活动方式。在人的经济服务活动中，经济服务主体必然要把自己的情感、思想、观念等贯注其中，也就是说，经济服务活动必然是包含着某种伦理道德因素的特殊的交往活动，经济服务的发展过程也必然是一个伦理的发展过程。

第 3 章

经济服务伦理探究的内在依据

解读经济服务与经济伦理之间的内在关系，即论证经济伦理是经济服务的应有诉求，探讨经济服务的伦理特性和伦理价值，是经济服务伦理探究的内在依据。经济服务伦理探究之所以成为可能就是由于经济服务与经济伦理两者之间具有内在的相关性。我们从经济服务的特征出发，依据经济服务范畴人格化的根本方法，可知经济服务主体的行为和活动必然内含着基本的经济伦理和道德要求，经济服务的目的必然包含着经济服务与经济伦理的和谐统一。

3.1　经济伦理：经济服务的应有诉求

所谓经济伦理，是指人们在经济制度安排、经济活动中产生的道德观念、道德规范以及对社会经济制度和经济行为的价值判断和道德评价。经济伦理的研究对象是经济活动中经济和道德的关系，在市场经济中，经济伦理就是研究市场经济与道德建设的关系。从本质上说，经济与伦理之间是相互区别但又有着内在联系的，经济蕴含着伦理的规定，伦理也包含着经济的特质。马克思在《1844 年经济学哲学手稿》中就指出："国民经济学和道德之间的对立也只是一种外观，它既是对立，又不是对立。国民经济学不过是以自己的方式表现道德规律。"① 德国著名经济伦理学家彼得·科斯洛夫斯基（P. Koslowski）在其《资本主义的伦理学》中亦指出："事实上经济不是'脱离道德的'，经济不仅仅受经济规律的控制，而且也是由人来决定的，在人的意愿和选择里总是有一个由期望、标准、观点以及道德想象所组合的合唱在起作用。"② 诺贝尔经济学奖获得者阿马蒂亚·森（Amartya Sen）也认为："经济学与伦理学的传统联系至少可以追溯到亚里士多德……在更深的层次上，经济学的研究还与人们对财富以外的其他目标的追求有关，包括对更基本目标的评价和增进。……经济学研究最终必须与伦理学研究和政治学研究结合起来。"③ 因此，"经济学与伦理学、政治学中有关伦理观念的联系，为经济学规定了不能逃避的任务"④。经济服务作为人类社会一项特殊的经济实践活动，更是与经济伦理存在着千丝万缕的联系，它必然无法逃避人们对它的价值判断和道德评价，而它自身也必然会产生特有的伦理道德观念，必定也是"以自己的方式表现道德规律"的。我们对经济服务进行伦理探究，首先就是基于经济伦理是经济服务的应有诉求。

3.1.1 经济伦理是经济服务过程中的必要考量

伦理道德原本就是人类经济生活中一个不可或缺的必要考量。"人既不可能是纯粹的'经济人'，也不可能是纯粹的'道德人'，即使是

---

① 马克思恩格斯全集（第 3 卷）[M]. 2 版. 北京：人民出版社，2002：345.

② [德] 彼得·科斯洛夫斯基. 资本主义的伦理学 [M]. 王彤，译. 北京：中国社会科学出版社，1996：3.

③ [印度] 阿马蒂亚·森. 伦理学与经济学 [M]. 王宇，等译. 北京：商务印书馆，2000：9.

④ [印度] 阿马蒂亚·森. 伦理学与经济学 [M]. 王宇，等译. 北京：商务印书馆，2000：10.

最典型的'守财奴'或最伟大的道德圣人也不会如此。当亚当·斯密谈到'经济人'和'道德人'时，他只是说，人性有善有恶（'利他'或'利己'）的原始事实，有可能导致人格的分裂，但真正具有健全理性的人是不会如此的，尤其是，当我们把人类追求物质之善的经济行为与追求精神之善的道德行为都置于人性之善或人生完善的整体目标中来加以审视时，情况更是如此。"① 作为人类社会的一种特殊的经济实践活动，经济服务更加需要伦理道德的关照，以解决经济活动中经济和道德关系问题为目的的经济伦理必然成为经济服务过程中的必要考量。尽管经济服务生产者进行服务生产的首要目的是获取经济利益，但服务者也不可能是纯粹的"经济人"，而应当是我们所说的"道德的经济人"。经济服务主体的服务行为中包含着以人为本、追求效益、诚实守信、公平竞争等经济伦理意识，甚至还有着不是迫于经济力量的自觉自愿为他人服务的道德行为。实际上，在斯密的理论体系中，那个类似于道德心的"公正的旁观者"的自爱、同感、公正等美德，在经济生活中正表现为诚实、守信、公平竞争、平等交易等经济伦理德性。

经济伦理成为经济服务过程中的必要考量还在于对经济服务行为的道德审察或伦理批判的必要性。这种审察和批判是评价和反省经济服务事实的基本方式之一，其目的不是限制经济服务行为本身，而是限制经济服务活动中潜在的缺陷和可能的风险，规范经济主体的服务行为和活动，从而实现合理、安全、卓越的经济服务目标。由于经济服务过程往往是生产与消费同一的过程，因而经济服务的安全性和可靠性所直接涉及的往往是人，而非物，这在医疗服务、护理服务、美容服务、客运服务、旅游服务等领域尤其突出。无疑，这些服务过程应当倾注更多的伦理道德关怀，否则就可能导致无法挽回的损失。例如，湖北省某医院在用温箱护理两个婴儿的过程中，由于医护人员对于已经松动的温箱开关

---

① 万俊人. 道德之维——现代经济伦理导论 [M]. 广州：广东人民出版社，2000：20－21.

漫不经心地用橡皮膏粘一粘,而后离开观察室了事。结果由于开关接触不良,整个晚上温箱断电,致使两婴儿留下严重的脑瘫后遗症,引起诉讼。这里,如果只涉及追究温箱制造厂产品质量不可靠的责任,那也只是换一台接触可靠的温箱罢了。而医院护理服务的不可靠,则涉及两个新生婴儿的一辈子。虽经法院审理,最终判决被告湖北省某医院支付两婴儿各种损失费等共计 290 多万元,也无法避免两个婴儿终身残疾的悲惨命运。① 这正如美国市场学家菲斯克(Raymond P. Fisk)所说:"公众对许多服务的期望很高,他们相信,一些服务组织会永远做'正确的事情'。一旦医院偶尔出现了一次医疗事故,或者是银行未管理好自己的资金,抑或是飞机撞在了山上,新闻媒体就会在头版头条对其予以曝光。类似这样的例子尚不能证明伦理道德的失败,但其却常常根植于伦理道德的缺陷。"② 因此,经济服务行为需要道德的审察和伦理的批判,而它的深远意义则在于,始终以人为中心和出发点,保持人与社会的和谐和统一。经济服务发展本身并不是最终目的,经济服务发展最终还是为了最大限度地满足广大消费者的需要,从而更好地达到为"人"服务这一根本目标。这无疑要求经济服务主体始终把人放在应有的主体地位,适应和满足人性需要,注重感情和文化的因素。尊重人、关心人、爱护人、理解人、感化人、教育人、培养人和用非强制性方法影响人的心理和行为,激励人的积极性,发挥人的创造性,挖掘人的智力与潜力,引导人们实现预定的目标。就是在经济服务中,"一切行为都要以人为中心、为主体、为出发点和归宿,企业服务人员要把客户作为有思想、有感情的活生生的人来看待,为之提供人性化的服务,注意反对和克服出于利润目标、管理规则、技术手段等因素的要求或影响而把人当

---

① 罗长海. 论服务的特征及其对文化形象的要求 [J]. 上海第二工业大学学报, 2002 (1): 69 – 75.

② [美]雷蒙德·菲斯克, 等. 互动服务营销 [M]. 张金成, 等译. 北京: 机械工业出版社, 2001: 19.

成'物'、贬低人的主体性的异化倾向"①。这样，我们对经济服务的伦理探究本身也就是对人类幸福生活之道德基础与价值意义的追问。

3.1.2　经济伦理是经济服务活动中的特殊资本

"资本"是经济学中的一个重要范畴，其一般属性是指投入商品与服务的生产过程并能够创造社会财富的能力。除了物质资本、货币资本、人力资本这些公认的也可以显形存在的资本范畴以外，资本还包括所谓的无形资本。无形资本包括"知识资本""社会资本"以及"伦理资本"等。② 这些无形资本是符合资本的一般属性的。经济伦理作为人们的经济道德观念和对经济行为的道德评价，无疑也是一种资本。这是因为经济伦理渗透到一般生产过程之中，能够增加经济主体创造社会财富的能力。马克思在《政治经济学批判（1857－1858年手稿)》中就指出："节约劳动时间等于增加自由时间，即增加使个人得到充分发展的时间，而个人的充分发展又作为最大的生产力反作用于劳动生产力。从直接生产过程的角度来看，节约劳动时间可以看作生产固定资本，这种固定资本就是人本身。"③ 在广义资本观的视野里，我们同样可以认为，经济伦理是劳动力使用过程中的要素，是"能够提供一种有经济价值的生产性服务"的一种能力，也是人本身这一"固定资本"的构成要素。更进一步说，经济伦理是"人力资本的精神层面和实物资本的精神内涵"。④ 因此，经济伦理具备了资本的一般属性，能够成为一种资本。同时它还是一种特殊的资本。因为经济伦理并不能直接创造社会财富，它只是作为一种特殊的生产要素，在经济活动中发挥"特定的约束与激

---

① 毛世英．企业服务哲学［M]．北京：清华大学出版社，2004：119.
② 华桂宏，王小锡．四论道德资本［J]．江苏社会科学，2004（6)：223－228.
③ 马克思恩格斯全集（第31卷)［M]．2版．北京：人民出版社，1998：107－108.
④ 王小锡．经济的德性［M]．北京：人民出版社，2002：85.

励功能"①，防止交易过程中的"道德风险"，减少经济中的人为的不确定性，降低交易成本，进而提高资源配置的效益，加速社会财富的创造。美国著名学者福山（Fukuyama）在其《信任——社会道德与繁荣的创造》一书中，通过对欧美、日本和其他东南亚国家的社会信任度差异的实证审察和分析，揭示了诸如诚信一类的经济伦理美德在这些国家或地区的现代化经济生活中所产生的不同作用和效果。福山指出："一个社会能够开创什么样的工商经济，和他们的社会资本息息相关，假如同一企业里的员工都因为遵循共通的伦理规范，而对彼此发展出高度的信任，那么企业在此社会中经营的成本就比较低廉，这类社会比较能够井然有序的创新开发，因为高度信任感容许多样化的社会关系产生。"②尽管"一些经济学家未必承认道德资源可以转化为经济资本，可他们却不能不承认，虽然人们还不能精确地证实道德能够给市场经济增加什么，至少已经可以证明道德能够给市场经济活动减少什么，比如说，普遍的社会伦理信任可以降低市场的'交易成本'或'额外交易成本'。道德的这种'减少'效应，实际也就是一种经济的'增长'效益"③。与其他经济活动和过程相比较，经济服务一般不是以物为中介的经济主体之间直接的交往互动过程，因此，经济伦理对经济服务活动的影响更明显、更特殊。显然，诸如诚信、公平、尊重等经济伦理规范同样能够减少经济服务行为中的"交易成本"，而同时，经济服务消费者对经济服务生产者服务行为的伦理评判也将促使经济服务生产者尽力改善服务态度、完善服务质量，从而不断提高经济服务的效益，提升经济服务的境界。在经济服务的交往互动过程中，经济服务主体之间相互影响、相互促进，共同提升主体的伦理道德素质，并最终形成一种卓越服务的境

---

① 华桂宏，王小锡. 四论道德资本 [J]. 江苏社会科学，2004（6）：223 – 228.

② ［美］弗兰西斯·福山. 信任——社会道德与繁荣的创造 [M]. 李宛蓉，译. 呼和浩特：远方出版社，1998：37.

③ 万俊人. 道德之维——现代经济伦理导论 [M]. 广州：广东人民出版社，2000：22.

界。总之，经济伦理无疑已经成为经济服务活动中的特殊资本，它对经济服务主体的发展和经济服务的发展都起着巨大的推动作用。正如美国服务研究专家贝利（Leonard L. Berry）所说，优秀服务企业的共同之处在于："它们的宝库中都珍藏着七个核心价值观：卓越、创新、愉悦、协作、尊重、正直、公益。七者之间紧密相关、有机结合、共同作用，使企业优秀的经营策略切实转化为实践上的发展成功。"①

3.2 经济服务的伦理特性

从对经济服务的内涵和特征的分析，我们能够得出一个结论，就是经济服务是具有伦理特性的实践活动。解读经济服务的伦理特性是解读经济服务与伦理道德关系的重要方面。所谓经济服务的伦理特性，是指经济服务这种特殊的服务活动形式本身所具有的伦理性质。经济服务作为一种特殊的社会交往和道德交往过程，其伦理特性主要表现在以下几个方面：

3.2.1 自然性与社会性的伦理二重性

经济服务的发展以及经济服务范畴本身的发展都是一个自然的历史发展过程，而这种自然的历史发展进程又是经济服务关系历史变迁的结果，要受到当时的生产关系和经济基础的影响和制约。这就是说，经济服务具有明显的自然性与社会性的伦理二重性。

所谓经济服务的自然性是指经济服务的发展以及经济服务范畴本身的发展都是一个自然的历史发展过程。一方面，作为一种人类特殊的实

① ［美］利奥纳德·贝利. 服务的奥秘［M］. 刘宇，译. 北京：企业管理出版社，2001：31–32.

践活动形式，无论是生产服务、流通服务或者消费服务，都总是具有如何展开服务劳动，如何提高服务质量，如何提高服务效益等相同的问题。这反映了经济服务发展过程中服务劳动过程本身的需求，是一系列服务实践活动的产物，反映了人类经济服务文化（包括经济服务道德文化）进步的成果。另一方面，经济服务范畴本身有个独立的运动过程，当然，这种自然的历史的发展进程是经济服务关系历史变迁的结果，而不是脱离现实的经济服务关系变革的自身变化发展的结果。经济服务范畴历经了从简单的具体形式到抽象的普遍形式，从简单上升到复杂，从具体上升到抽象这样一个发展历程。实际上，最抽象的普遍形式的经济服务范畴包含了最丰富、最具体的内容，因为它是经历了一个自然的历史发展过程，总结、蕴涵了经济服务历史发展中的一切积极的、文明进步的成果，包括经济服务道德的成果。

所谓经济服务的社会性，是指作为人类在一定历史时期的特殊的实践活动形式，经济服务行为总是受到当时的生产关系和经济基础的影响和制约，体现出当时社会各阶层、各群体之间的一定的社会关系。经济服务是人的一种实践行为，经济服务的主体是人，无论是个人、集团、阶级或阶层，都是在一定生产关系下活动的"社会人"，无不受特定的社会政治、经济、文化、伦理道德等的制约和影响，从而使经济服务生产者和经济服务消费者都打上了社会的烙印，这些无形的因素直接影响经济服务行为的全过程。所以，在经济服务活动过程中，经济服务生产者无不千方百计地研究消费者的心理和需要，不断提高经济服务质量，使消费者获得满意，不断强化与经济服务消费者之间的良好的社会和道德关系。正是经济服务的社会性体现出经济服务的伦理性。因为经济服务活动的顺利展开，除了运用一系列的组织和管理手段外，也不能忽视伦理道德在其中的作用。在传统阶级社会，统治者是消费者，被统治者是服务者，是为统治者服务的阶级，统治者往往利用道德、宗教等社会意识形态的力量来使服务劳动者成为消费者的仆役或奴仆。即使在现代社会经济生活中，统治阶级在实施一系列标准化经济服务手段时，也总是基于自己的利益，提出与自己意识形态相吻合的经济伦理要求。如国家为了保障经济服务市场的健康发展，为了加强服务经济管理，除了制定和完善一系列服务性的经济法律法规之外，还倡导一些诸如诚信、公平等用来规范经济服务市场和制约经济服务行为的伦理道德原则。由于统治阶级地位的决定性，他们所提出的经济伦理要求，往往会成为全社会的一种普遍规范，而每一个社会的经济服务原则，又总是与当时的社会伦理原则相一致的。这就是经济服务所包含的伦理属性。

3.2.2 利己与利他的统一性

经济服务既是利己的，又是利他的。一方面，经济服务是经济主体获得物质利益的手段和途径，另一方面，经济服务又包含着有利于他人或社会的伦理精神和道德因素。因此我们说，经济服务具有利己与利他相统一的伦理特性。

其实，任何一种经济行为都有互利互惠的要求。英国古典经济学家亚当·斯密早在二百多年前就认识到：人人都有自利的追求，而唯有互利，才能使每个人的自利追求得以实现。斯密在其《国富论》一书中指出："一个人尽毕生之力，亦难博得几个人的好感，而他在文明社会中，随时有取得多数人的协作和援助的必要。别的动物，一达到壮年期，几乎全都能够独立，自然状态下，不需要其他动物的援助。但人类几乎随时随地都需要同胞的协助，要想仅仅依赖他人的恩惠，那是一定不行的。他如果能够刺激他们的利己心，使有利于他，并告诉他们，给他做事，是对他们自己有利的，他要达到目的就容易得多了。"① 这就是说，人们之间需要相互协作，需要服务于他人，也只有这样，人与人

---

① ［英］亚当·斯密. 国民财富的性质和原因的研究（上卷）［M］. 郭大力，等译. 北京：商务印书馆，1972：13.

之间才能够达到彼此的互利。

从经济行为的角度来看，经济服务的首要目的是获取经济利益，因而它具有明显的利己性；而从伦理道德的角度来看，经济服务又是一种为他或利他的行为。经济服务的这种伦理特性存在和表现于经济服务主体的服务活动过程之中，当经济服务主体将自己的智力、体力和才能运用到一定的经济服务关系和结构当中，经济服务才会显示出其伦理的特性。这种伦理特性就包含于对服务主体服务行为的利己性和利他性以及对经济服务主体的权利和义务的评价当中。

从利己与利他的关系看，任何服务性工作或行为都具有直接利他的特点，是一种"为集体或别人工作"的行为状态，更具体地说，是一种通过实物给予或通过提供活劳动的形式满足他人或社会某种特殊需要的行为状态。同样，经济服务作为一种经济性的服务行为，除了获取自身的经济利益之外，亦内涵着满足人们的物质需要和精神需要的伦理道德要求，而实现经济服务目的的手段无疑也要受到一定的服务原则和规范的制约，同时又必须符合法律和道德规则。

从经济服务主体的权利和义务的关系来看，经济服务行为就是经济服务主体以直接利他的方式去实现他人应有的权利的行为。实际上，在现实的社会经济生活当中，每个人的经济利益的获得常常是或者说在越来越大的程度上都是通过他人的经济服务行为实现的。这种体现社会经济公平的权利和义务的自由与合法交换，表现了人们在社会经济生活中的相互依赖性。马克思指出："一切产品和活动转化为交换价值，既要以生产中人的（历史的）一切固定的依赖关系的解体为前提，又要以生产者互相间的全面的依赖为前提。每个人的生产，依赖于其他一切人的生产；同样，他的产品转化为他本人的生活资料，也要依赖于其他一切人的消费。"① 这是说，人类社会存在形式的转化是一种在人们从事

① 马克思恩格斯全集（第 30 卷）［M］. 2 版. 北京：人民出版社，1995：105.

的生产中生长出来的客观转换，而资本主义社会的生存方式实际上也只是资本主义生产产生出来的分工与交换客观形成的结果，人与人之间的社会联系只能表现在人们相互交换他们的劳动成果的交换价值上。在人与人的这种互相依赖关系中，"私人利益本身已经是社会所决定的利益，而且只有在社会所设定的条件下并使用社会所提供的手段，才能达到；也就是说，私人利益是与这些条件和手段的再生产相联系的。这是私人利益；但它的内容以及实现的形式和手段则是由不以任何人为转移的社会条件所决定的"①。尽管马克思认为资本主义社会中的商品交换是"以生产者的私人利益完全隔离和社会分工为前提"，人在这种关系中被孤立化，但他所揭示的私人利益在任何时候都不能离开特定社会条件而存在的客观规律，在现代市场经济中则应当都是适应的。在市场交易中，买卖双方首先就是把对方当作自己的手段，但是在为赢得市场而展开激烈竞争时，双方又不得不把对方当作自己的目的，而把自己当作手段，而且只有把自己当作手段时才能实现自己的目的，这就形成了利他的客观基础。在经济服务的生产、交换和消费过程中，经济服务生产者私人利益的获得无疑必须依赖于他人利益的实现。而且，作为道德的经济人，经济服务主体在实现自身利益的同时，并不仅仅只是在客观上促进他人利益以及整个社会利益的实现，他应当积极地为他人利益以及整个社会利益的实现创造条件，在实现经济服务持续发展的同时促进他人的全面发展以及社会的全面进步，从而实现真正的卓越服务的伦理目标。

3.2.3　功利与道义的融合性

经济服务的功利性是指服务的经济利益要求。经济主体的经济服务行为，首要的目的就是获取经济利益，经济主体把服务纳入经济活动之

---

① 马克思恩格斯全集（第30卷）[M].2版.北京：人民出版社，1995：106.

中，必然是为了提高经济效益，为了开发和获取服务的经济价值。这无疑显示出经济服务的合功利性。"服务主体之所以向服务对象提供物质文化的产品及其他，使这种供求活动不断地平衡和发展，社会经济活动和文化活动不断地进行，归根结底，都是有预期目的的。没有目的，服务是不会发生的。也就是说，社会一方需要提供某种服务，社会另一方为满足这种需要而提供服务。不管是政治利益需要，还是经济利益需要，或者是社会其他方面利益的需要，正是在这种预期目的的支配下，服务活动不断地进行和发展。"① 然而，经济服务也有道义性。经济服务的道义性是指经济服务的人本、创新、公平等特性。人本服务、创新服务以及公平服务都是经济服务的道义性之所在。虽然经济服务的首要目的是获取经济利益，但经济服务绝不仅仅局限于经济范畴之内。如果经济主体只言"利"而不言"义"，只讲获取经济利益而不谈道义精神，只用经济方法去推动服务，使经济服务活动成为赤裸裸的获利手段，显然有悖市场经济的伦理精神，不利于市场经济的良性发展。因此，经济服务应该是获取利益与谋求道义的统一，是合功利性与合道义性的有机统一，具有功利与道义相融合的伦理特性。马克斯·韦伯（Max Weber）就认为，社会行为（包括经济行为）必须同时具有"目的合理性"与"价值合理性"，目的合理性强调的是行为必须符合于主体的功利目标，价值合理性则要求行为同时追求伦理上的"纯粹信仰"。② 从商品交换的角度来说，经济服务就是指"商品经济交换中的商品服务，即通过交换价值提供使用价值的服务"③，但在实际的经济生活中，经济服务往往不仅仅是服从于一定经济关系规定的服务，而且还具有自愿帮助他人、自觉考虑社会利益的意图和倾向，内含着以人为

---

① 吕卓超. 服务经济学初探 [J]. 渭南师专学报（社会科学版），1994（2）：64 - 68.

② ［德］马克斯·韦伯. 经济与社会（上卷）[M]. 林荣远，译. 北京：商务印书馆，1997：56.

③ 宋希仁. 服务贵敬——走马观花说东瀛 [J]. 道德与文明，2001（3）：57 - 58.

本、公平竞争、服务创新等伦理品质，这样的经济服务就有了道德精神的渗透和维系。同时，我们认为，经济服务的这种道义价值还能够极大地推动其功利价值的实现，正如诺贝尔经济学奖获得者道格拉斯·诺斯（Douglass C. North）所说："即便是在最发达的经济中，正规规则也只是决定选择的总约束中的一小部分"，大部分行为空间是由"行为规范、行为准则和习俗"等非正规规则来约束的。① 诺斯的观点认同了伦理道德规范对经济的功利性价值，这也是经济服务行为具有道义价值的根本依据。

3.3 经济服务的伦理原则

经济服务需要伦理道德原则的规范和引导，经济服务的伦理原则是经济服务的必然要求，是经济服务走向卓越的基本前提。根据经济服务活动的实际和发展状况，经济服务中的伦理原则包括人本服务原则、服务效益原则、服务创新原则、服务竞争原则和服务公平原则。其中，人本服务是核心，它贯穿于经济服务的伦理原则规范体系当中，并起着统率作用，而其他伦理原则中服务效益是基本要求，服务创新和服务竞争是源泉和动力，服务公平是保障。这些伦理原则以其各自所承担的任务和发挥的功能，共同推动着经济服务走向卓越的伦理境界。

3.3.1 人本服务原则

所谓人本服务，是指把人放在应有的主体地位，适应和满足人性需要，注重感情和文化的因素。在经济服务中，就是"一切行为都要以人

---

① ［美］道格拉斯·诺斯. 制度、制度变迁与经济绩效［M］. 刘守英，译. 上海：上海三联书店，1994：49－50.

为中心、为主体、为出发点和归宿，企业服务人员要把客户作为有思想、有感情的活生生的人来看待，为之提供人性化的服务，注意反对和克服出于利润目标、管理规则、技术手段等因素的要求或影响而把人当成'物'、贬低人的主体性的异化倾向。"①

经济服务树立人本服务的原则、理念或模式，应该体现在两个方面：一是服务组织内部的服务管理应体现出人本服务的管理理念，应当建立团结互助、平等友爱、和睦相处、共同前进的和谐关系。经济服务组织内部的和谐关系是靠内部成员之间相互服务和相互尊重而建立起来并维持着的。这种和谐的人际关系是经济服务组织顺利开展服务活动的重要保障，它有利于形成宽松、愉快、默契的团体气氛，有利于激发经济服务生产者的服务灵感和创造性的服务思维，从而促进经济服务组织的发展。二是服务者与被服务者之间应体现出人本服务的伦理理念。这就要求经济服务主体能够相互尊重，服务者和被服务者能够彼此尊重对方的价值和尊严。"尊重使得顾客及服务者都获得了尊严；它将尊敬注入到了商务运营过程中；它提高了服务的价值。"② 世界顶级服务公司丽思卡尔顿（Ritz-Carlton）酒店，从员工加入公司的第一天起就开始灌输给他们的一个核心服务观念是："我们是为淑女和绅士们服务的淑女和绅士。"诚如美国服务专家贝利所说："这是一个极其精辟的描述，因为它把尊重融入服务行为中。在丽思卡尔顿的酒店里，无论是员工、司机、房间服务员、电话接线生、维修工还是前台接待员都亲身实践其他公司很多员工从未做过的，也感受到被尊重的感觉。"③ 这种相互尊重表现在经济服务关系中，首先，服务者应当尊重被服务者的利益和需

---

① 毛世英. 企业服务哲学 [M]. 北京：清华大学出版社，2004：119.

② ［美］利奥纳德·贝利. 服务的奥秘 [M]. 刘宇，译. 北京：企业管理出版社，2001：41.

③ ［美］利奥纳德·贝利. 服务的奥秘 [M]. 刘宇，译. 北京：企业管理出版社，2001：42.

要，让被服务者真正感受到服务的价值。如尊重被服务者的人格尊严，加强服务的安全性，改善服务环境；了解被服务者的实际情况，实施情感服务和人性化服务，让他们切实感受到存在的价值。其次，被服务者也应当尊重服务者的价值和尊严，应当创造条件以帮助服务者实现自我价值。作为人，服务者也是创造与享受、目的与手段的统一体，都有实现自我价值的需要。作为手段，服务者需要劳动，需要创造社会财富；作为目的，服务者的适当需要和合理利益也应当得到满足。服务者越是充分发挥了作为手段的作用，他们的目的和个人价值就越能实现，而他们的需要和利益也越应该得到尊重和满足。经济服务的伦理道德价值正是在经济主体的这种相互尊重的交往过程中得以显现出来。

3.3.2 服务效益原则

效益是经济学的核心范畴之一，同时它也是伦理学的一个重要范畴，因为效益具有深刻的伦理道德含义，伦理学所研究的效益是公正与和谐的效益，即善的效益。经济服务作为一种经济活动也是以效益作为生命的，效益的高低直接影响着经济服务主体的生存和发展。因此，服务效益是经济服务的基本的伦理要求，也是经济服务的一个重要的伦理原则。经济服务效益是经济效益、社会效益和生态效益的统一。从整个社会来看，经济效益只是经济服务主体短期的利益所在，社会效益才是经济服务主体长期的价值追求。社会效益是指除经济效益以外的对社会生活有益的效果。正如贝利所说："社会效益指的是，在商品服务市场与职位创建之外，企业对社会的贡献。"① 服务效益的伦理原则要求经济服务不仅要有经济效益，而且要讲社会效益。此外，服务效益还内涵了对第三种效益——生态效益的考虑。即经济服务的伦理精神应当将人

---

① ［美］利奥纳德·贝利. 服务的奥秘［M］. 刘宇，译. 北京：企业管理出版社，2001：293.

文关怀的对象从经济服务消费者扩大到人类社会以至整个自然界。经济效益、社会效益、生态效益虽然相互区别，但三者又是统一的。一般而言，社会效益、生态效益往往代表着长期的、整体的、社会的利益，体现的是有利于他人、社会，为他人、社会的利益考虑的价值特性，而经济效益更多地代表着短期的、局部的、个人的利益。正如贝利所说："企业将人力及其他资源投入到商品与服务，来创造经济效益。这种投入是为追求财富，给社会带来经济效益。确实社会不可能没有它而存在，但是这是对经济效益的追求，而不是社会效益。社会效益是人们生活质量的提高，是在商品服务数量和经济资源之上的。"① 其实，良好的经济效益能为社会效益、生态效益的取得提供物质条件；而社会效益、生态效益不好，经济效益最终也必将受损。因此，经济服务主体在处理经济效益、社会效益、生态效益的关系时，应统筹兼顾、综合权衡，尽量努力追求三者的同步增长。既反对那种片面追求经济效益而不顾社会效益和生态效益的做法，也反对那种单纯讲求社会效益和生态效益而忽视经济效益的行为。当三者发生矛盾时，应当从全局出发协调三者的关系。总体上说，经济效益应该服从社会效益和生态效益。这对于经济服务主体特别是服务企业的长远发展，乃至整个社会经济的发展具有重要意义。贝利指出：优秀的服务性企业总是"深深地打着社会效益的烙印。赚钱并不是一切。他们追求着更深层次影响社会的机会。为了提供创造社会效益的资源，创造经济效益也是一个高尚而且必需的目标。但单纯地去创造财富就显得太目光短浅了"② 。贝利还特别谈到热衷于自然环境保护Special Expeditions（特别探险队）服务公司，这家公司推出"责任之旅"，他们"投入大量的资金、时间和其他各种资源以保护——某些情况下修复——他们带旅行者所游历的世界各地。他们尽

①② ［美］利奥纳德·贝利. 服务的奥秘［M］. 刘宇，译. 北京：企业管理出版社，2001：293.

力丰富参加者的知识，使他们意识到环境问题"。① 良好的生态效益意识和服务意识使这家服务公司获得了极大的成功。这些都说明，优秀的服务性企业都不会忽视效益的任何一个方面，经济服务主体应该追求经济效益、社会效益和生态效益的和谐统一。

当今社会在科学技术，特别是网络技术的推动下，服务经济呈现出快速发展的势头，服务竞争也愈来愈激烈，这就决定了服务生产者必须注重效益。如果服务生产者不讲究效益，其服务活动便是失败。然而，服务生产者的效益观念又必须是合理的，其效益的取得必须经得起伦理道德的检验。这就要求服务者既必须注重科学的服务，又必须树立合理的效益观念。注重科学的服务是服务效益的首要规定。现代经济服务的发展趋势越来越清楚地向人们显示出，科学信息技术是提高服务效益的基本途径。在经济服务过程中，注重科学信息技术的运用，可以使经济服务生产者转变服务生产理念和服务经营理念，加大对信息服务的投入，变服务产品经营为客户服务经营，使服务活动适应社会经济的发展。同时，科学信息技术还可以提高服务者自身的服务素质和服务技能，从而促进服务水平的提高，达到提高服务效益的目的；同时，服务者也要树立合理的效益观念。这是合理的效益观念作为经济服务的伦理要求的必要规定。这种合理的效益观念，能使服务者以开放的胸襟，着眼于人类社会的整体效益、长远效益来实现自己的服务目标，以良好的服务态度和责任意识为消费者提供服务。实践证明，具有这种合理的效益观念，是经济服务生存和发展的前提条件。

3.3.3　服务创新原则

服务创新是经济服务发展的伦理源泉，是经济服务主体表现在服务

---

① ［美］利奥纳德·贝利. 服务的奥秘［M］. 刘宇，译. 北京：企业管理出版社，2001：48.

活动中的一种伦理精神，因此，它成为经济服务的又一项重要的伦理原则。所谓服务创新，是指经济服务主体为了适应社会经济发展和满足人们的生产和生活服务需要而不断增加服务内容和变革服务方式，以便提供多元化、高效益服务的活动过程。服务创新没有独立的存在形式，因为服务是无形的，它渗透、依附于人的各种活动之中，必须以人的某一具体社会活动为载体。而服务创新也必须依附于其他形式的创新即知识创新、技术创新、制度创新和文化创新才能存在，并通过它们表现出来。服务创新有两个层面的含义，即它既是指经济服务主体的一种思想理念，也是指经济服务主体在这种思想理念指导下的服务行为。作为一种行为，服务创新本质上是人的主体能动性的确证和表现。"人的本质力量的确证，乃是价值创造的过程中实现的。"① 作为一种观念，它是服务主体表现在服务活动中的一种伦理精神或气质，其中，人的能动性是服务创新主体的伦理气质的深层根基。

服务创新是经济服务主体的一种自觉性的行为，是其主体能动性的确证和表现，它实质上是经济服务主体表现在经济服务活动中的伦理精神或气质，具有深厚的伦理底蕴，是通向卓越的桥梁。正如贝利所说："追求卓越和力求创新是紧密相连的。创新——将现有事物推上一个更高的台阶——是追求卓越的最基本工具。"② 服务创新的伦理底蕴主要反映在以下方面：其一，服务创新是经济服务主体的一种创造性行为。它表现为经济服务主体发现、发明、制造与现存服务不同的新的服务方式、知识、技术和制度。其二，服务创新表现经济服务主体孜孜不倦、勤奋刻苦的伦理意识。服务创新要求创新者实事求是，按经济服务发展的规律办事，密切注意经济服务实际的发展变化，及时更新自己的服务理念和方法。这实际上是创新者把自己新的服务理念、思想和方法应用

---

① 杨国荣. 伦理与存在 [M]. 上海：上海人民出版社，2002：265.

② [美] 利奥纳德·贝利. 服务的奥秘 [M]. 刘宇，译. 北京：企业管理出版社，2001：34.

于经济服务实际的学习过程。其三，服务创新表现了经济服务主体批判质疑、勇担风险的道德勇气。学习只是掌握已知，还达不到创新之目的。要达到服务创新之目的，还必须具有批判质疑的精神。正因为服务创新需要具有批判质疑精神，所以它又是一种具有极大风险性的行为。这就要求创新者具有极大的勇气，以高度神圣的社会责任感投入到服务创新活动中去。正如美国一家著名市场调查公司所言："我们的企业无论出于何种层次，不断进取的意识都深深扎根于我们的企业文化之中。它源于程序委员会，但即使程序委员会在一次空难中全部罹难，我们仍将照此执行下去。"① 其四，服务创新表现了经济服务主体责任担当的道德境界。在经济服务中，创新者实际上是以对人类经济服务的前途和命运高度负责的道德情怀在进行创新活动。只有具备神圣的社会责任感，创新者才会在强烈的责任心驱使下，以巨大的勇气突破陈规陋习和落后、保守的传统服务观念的束缚，积极探索、勇于开拓，从而实现服务创新。"志向远大的服务提供商总是鼓足干劲，并准备承担追求进步的风险。"② 因此，责任担当的道德境界是创新者开展经济服务创新的深层动力。

总之，从某种意义上说，创新本身就是一种德性，它体现了经济服务主体在经济服务中的伦理精神和道德气质。作为创新一个重要内容的服务创新，相对于技术创新而言，更具难度。因为服务创新是直接面对人，它不仅要解决技术上的难题，还必然面临着许多的人际关系、伦理道德、社会制度上的难题。最为重要的是，服务创新需要有更高层次上的团队精神，必须有价值观和理想上的认同。因此，服务创新更能体现经济服务主体的伦理意识、道德勇气和道德境界。

① ［美］利奥纳德·贝利. 服务的奥秘［M］. 刘宇，译. 北京：企业管理出版社，2001：35.

② ［美］利奥纳德·贝利. 服务的奥秘［M］. 刘宇，译. 北京：企业管理出版社，2001：18.

3.3.4 服务竞争原则

根据竞争内容的不同，在市场经济中，竞争可以分为价格竞争的非价格竞争。长期以来，价格竞争是市场主体最基本，也是最普遍运用的竞争手段。然而，随着市场竞争的激化，价格竞争的空间越来越小，非价格竞争的比重越来越大。在非价格竞争中，产品质量的竞争是经济主体的首选，可是，随着科学技术的进步，生产技术的普及速度加快，产品匀质化现象越来越明显，这样，把原来产品整体概念中的附加产品层次——服务，作为非价格竞争的一个独立要素予以重新定位就成为经济主体取得竞争优势的一个重要途径。美国福鲁姆咨询公司一项调查报告中的数据显示，在顾客购买产品从某一企业转向另一同类企业的原因中，70%是因为服务问题，而不是产品质量或价格问题。[①] 服务已经成为经济主体实施差别化战略，创建比较竞争优势的一个重要砝码。在经济服务活动中，服务竞争能够提高消费者对产品和服务的满意程度，从而获得更大的经济效益和社会效益；同时，服务竞争还要求服务者具有超越自身利益的使命和目的，是经济服务活动的一项重要的伦理原则，是推动经济服务发展的伦理动力。

在经济服务中，服务竞争具备特定的伦理机制。首先，诚信、公平的竞争环境是基本的伦理机制，诚信和公平是经济主体营造良好的服务竞争环境中的重要道德因素。一方面，在经济服务中，诚信是经济服务主体开展服务活动的基本理念和行为原则，是经济服务主体必须遵守的根本性道德规范。经济服务本身应当就是一个遵守信用和履行承诺的过程，而诚信则是经济服务活动必备的美德，是服务竞争环境的最基本的道德要求。另一方面，现代市场经济竞争已经越来越趋向于服务上的竞争，主要体现在谁能够提供更为优质的服务。然而，在现实的经济活动

---

① 王方华，等. 服务营销 [M]. 太原：山西经济出版社，1998：13.

中，由于一些经济主体受到自私的利益动机的驱使，市场服务竞争中经常出现不正当竞争、不公平竞争，甚至非法的恶性竞争。因此，市场主体还应当营造一种公平竞争的服务环境。其次，服务竞争的核心是为消费者谋利益。以满足、维护消费者利益作为伦理核心，也就是企业服务竞争中无论是生产服务、流通服务还是消费服务，无论是服务的管理还是服务的创新，都应当从消费者的需要和利益出发，让消费者的生存、发展和享受得到充分的满足。"只有消费者才能引导企业开辟新领域，从而为消费者创造新的价值。"① 因此，在服务竞争中，应当时刻想到为消费者谋利益。只有赢得消费者的信赖，才能赢得利益。服务竞争的伦理制约放在是否符合消费者利益之上，使得竞争有了一个共同的目的，而这种竞争也必然是良性的，是符合经济服务发展方向的。再次，服务竞争的伦理方向是寻求合作。合作是经济主体进行服务活动的一种方式，也是经济服务活动内在的一种伦理要求。随着经济服务的发展和深化，这种内在的伦理要求也逐渐外化，寻求合作逐渐成为服务竞争发展的伦理方向。从经济伦理的角度看，合作可以视为调节经济主体之间的利益关系诸要素的集合。合作既是一种以自利为基础、利他为手段的互利交换行为，又是一种建立在平等、自愿和自由基础上的交往形式。而从竞争的角度来看，合作则是经济主体在竞争中逐步妥协的结果。在服务竞争过程中，经济主体一方面力图追求自身利益的最大化，另一方面又不得不共同遵循一定的游戏规则，这些游戏规则是竞争有序化的保障，它使经济主体在竞争中逐步趋向合作。因此，合作是经济服务主体之间相互博弈的结果，是服务竞争的必然趋向。正如美国著名领导学权威斯蒂芬·柯维所认为的，双赢（赢/赢）是合作活动中的最佳策略，"从长远看，如果双方不能都赢，就会都输。这就是为什么在相互依赖

---

① ［美］利奥纳德·贝利. 服务的奥秘［M］. 刘宇，译. 北京：企业管理出版社，2001：101.

的状态中双赢是唯一正确选择的理由。"①

3.3.5 服务公平原则

服务公平是经济服务的又一项重要的伦理原则，它是经济服务发展的伦理保障，是评价和衡量经济服务行为的伦理尺度，对经济服务的发展具有重要作用。服务公平就是要求经济服务生产者要一视同仁，即不论什么样的消费者都要热情对待，不能衣帽取人，以貌取人。服务公平作为经济服务的一项伦理原则，虽然在不同社会经济发展时期有着不同的内容，但总是能够得到人们的认可。它对人类的经济服务行为起着制约作用，能够保障经济服务活动符合伦理地进行。同时，服务公平还是人类经济服务行为的评价尺度。在经济服务活动中，人们会用这一基本的衡量尺度来评价各种经济服务制度和经济服务行为。在经济服务中，服务主体尤其是服务性企业只有为顾客提供公平的服务，才能赢得顾客的信任和忠诚。美国学者赛德丝和贝利指出：服务的无形性加大了顾客的购买风险。在购买服务之前，顾客无法评估服务质量，有时，在消费服务之后，顾客仍可能无法准确评估自己的服务消费经历。为了谋取私利，不公平的服务性企业很可能会损害顾客的利益。因此，服务的无形性使顾客更重视服务的公平性。他们还指出：在服务过程中，服务人员的细微疏忽都可能会使顾客觉得自己遭到了不公平的待遇，进而产生不满情绪。在这种情况下，服务性企业不仅会失去某位不满的顾客，而且会因这位顾客的不利口头宣传而失去大批顾客。因此，服务性企业必须高度重视服务公平性。② 因此，服务的不确定性使顾客对服务的公平性更加敏感，从而也往往用公平这一伦理尺度来评价服务性企业的经济服

---

① Covey S. The seven habits of highly effective people [M]. New York: Simon and Schuster, 1989: 212.

② Seiders K, Berry L. Service fairness: what it is and why it matters [J]. The Academy of Management Executive, 1998, 12 (2).

务行为。同时，服务性企业也必须高度重视经济服务的公平，从而把服务公平真正作为自身经济服务行为的一项伦理原则和要求，也只有这样才能赢得消费者的信任和忠诚，才能实现卓越服务的伦理目标。

3.4　经济服务的伦理价值

所谓伦理价值，是指主体在伦理方面所肯定的东西，是从价值的角度对伦理关系进行的考量。经济服务的伦理价值则是指经济服务主体在伦理方面所肯定的东西，是从价值的角度对经济服务中蕴涵的经济伦理关系的考量。探讨经济服务的伦理价值是我们进一步认识经济服务的伦理性所必需的，我们主要是从经济服务中人与人的伦理关系、人与人自身的伦理关系以及人与社会的伦理关系三个方面来考察经济服务的经济伦理价值。经济服务的伦理价值蕴涵主要表现在以下几个方面：

3.4.1　经济服务能够满足人们的物质需要和精神需要

从经济服务中人与人的伦理关系，主要是指经济服务生产者与经济服务消费者的伦理关系来看，经济服务能够满足人们的物质需要和精神需要。从价值的角度来说，经济服务是指"一个经济主体使另一个经济主体增加价值，并主要以活动形式表现的使用价值"[①]，实际上，这里的价值应当包括经济服务的经济价值和伦理价值。作为经济领域的一般范畴，服务是一种商品，是一种特殊的使用价值。正如马克思所说："服务就是商品。服务有一定的使用价值（想象的或现实的）和一定的交换价值。"[②] "服务这个名词，一般地说，不过是指这种劳动所提供的

---

① 黄维兵. 现代服务经济理论与中国服务业发展 ［M］. 成都：西南财经大学出版社，2003：17.

② 马克思恩格斯全集（第33卷）［M］. 2版. 北京：人民出版社，2004：144.

特殊使用价值，就像其他一切商品也提供自己的特殊使用价值一样；但是这种劳动的特殊使用价值在这里取得了'服务'这个特殊名称，是因为劳动不是作为物，而是作为活动提供服务的。"① 马克思关于服务的这一界定首先肯定了服务是使用价值，可以进行市场交换；其次指出了服务作为一种特殊的商品体现为各种活动形式。服务作为一种特殊的使用价值，除了与一般商品所共有的满足生产和生活需要和体现社会财富之外，还可以节约社会劳动时间、提高社会劳动生产率；同时，与一般商品相比，经济服务还是一种运动形态的使用价值，是以活动形式提供使用价值，这种服务的运动过程就是经济服务劳动者的生产过程。

由此我们可知，经济服务是社会分工体系中人类生产劳动的一种必要的特殊状态，它能够直接满足人的物质和精神文化的生产和消费需要。经济服务具有经济价值是很显然的，它具有经济服务主体在经济方面所肯定的服务效益、服务利润等经济价值；同时，经济服务还具有满足人们的精神需要和道德需要的伦理价值。当然，经济服务的伦理价值是以经济价值为基础的。我们根据经济服务的特征可知，经济服务的生产和消费往往是同一过程，在经济服务的生产和消费过程中，经济服务生产者和经济服务消费者往往是直接接触的，相互作用的，或者说，经济服务是不以物为中介的经济主体之间的互动过程。这种互动性使得经济服务不仅能够直接满足人的物质需要，而且还能够满足人们的精神需要和道德需要。人的需要一般可分为物质需要和精神需要。在经济服务活动所提供的服务产品中，有相当一部分是生活必需品，能满足人们衣食住行最基本的生活需要，如缝纫服务、饮食服务等。从满足消费者精神和道德需要方面来说，首先，经济服务有助于消费者素质（包括道德素质）的提高。例如，旅游服务可以增长见识，增加精神食粮，增强环保意识。Special Expeditions 就是这样一家能够极大地丰富旅游服务消费

---

① 马克思恩格斯全集（第 26 卷第一册）［M］. 北京：人民出版社，1972：435.

者知识和阅历，增强环境伦理意识的优秀的旅游服务公司，因为"它们通常使用小型船只或摩托艇搭载旅行者到世界上那些少有人烟的地方去欣赏美妙的地质构造、野生动植物及当地的民俗文化。他们往往聘请著名的自然学家担任领队"①，"他们尽力丰富参加者的知识，使他们意识到环境问题"②。其次，人们在享受实物商品和物质服务时，往往也离不开经济服务的精神性方面。例如，人们在外出就餐时，不仅要享受美味佳肴，而且还要享受一流的服务和优美的就餐环境。再次，某些经济服务活动还能直接满足消费者的精神和道德方面的需要。如心理咨询服务、健康的影视娱乐服务等。总之，经济服务不仅能够满足人们一定的物质生活的需要，更重要的是还能够在一定程度上满足人们的精神生活的需要。经济服务的精神性需要包含着人的伦理道德的需要。人的伦理道德需要是人的多层次需要中的一种高级的需要，是人作为一种有理性的社会动物的精神规定。正如古希腊著名思想家亚里士多德所说："人类不同于其他动物的特性就在于他对善恶和是否符合正义以及其他类似观念的辨认。"③ 由此看来，经济服务不仅能够满足人们的物质需要，具有物质价值和经济价值，而且还能够满足人们的精神需要，具有精神价值和伦理道德价值。

3.4.2 经济服务能够促进个体道德人格的形成

所谓道德人格，是指"个体人格的道德规定性，是一个人做人的尊严、价值和品格的总和"④，"道德人格的结构是由个体的道德准则意

---

① ［美］利奥纳德·贝利. 服务的奥秘［M］. 刘宇，译. 北京：企业管理出版社，2001：12.

② ［美］利奥纳德·贝利. 服务的奥秘［M］. 刘宇，译. 北京：企业管理出版社，2001：48.

③ ［古希腊］亚里士多德. 政治学［M］. 吴寿彭，译. 北京：商务印书馆，1965：8.

④ 唐凯麟. 伦理学［M］. 北京：高等教育出版社，2001：182.

识、道德责任意识、和道德目标意识这三个要素构成的统一体"①，它包括做人的权利和尊严、规范和准则以及人的道德境界的高低等方面的内容。从经济服务中人与人自身的伦理关系来看，经济服务能够促进个体道德人格的形成。根据经济服务的特征，经济服务是经济服务生产者和经济服务消费者的互动过程，是一个充满情感的劳动过程。在经济服务过程中，经济服务生产者和经济服务消费者没有高低贵贱之分，是自由的、平等的经济主体，他们之间是相互尊重、相互协作、相互影响的。公平、诚实、信用等经济伦理品质对于经济服务生产者来说是非常重要的，它们是经济服务消费者对经济服务行为进行伦理评价的重要依据。在日趋激烈的市场服务竞争中，经济服务生产者必然努力地去培养公平、诚信等经济伦理意识，提高自身的信誉度，以优质服务赢得消费者的忠诚。这种相互尊重、信用、诚实、公平的良好氛围，能够促进经济服务生产者和经济服务消费者道德人格的形成。因为道德思想和情感是可以相互影响和传递的，经济服务生产者在提升自己道德品质的同时能够把尊重、愉悦、信任等道德情感传递给经济服务消费者，使他们也受到激励和鼓舞，从而促进其道德人格的形成。

在这种平等、自由的服务环境中，经济服务生产者与经济服务消费者之间能够相互尊重、相互承诺、相互信用，相互影响，共同促进经济服务主体道德人格的形成。所谓承诺，是指"交易双方为关系的持续所作出的明显的或隐含的保证"②，经济服务活动中就包含着经济主体之间的这种承诺。休谟认为，在生活中，人们相互之间必然存在各种交换关系，包括"物品的交换"，"服务和行为的交换"。这类交换像相互之间的换工一样"对我们双方都有利益"，就服务的一方来说，"我预料到，他会报答我的服务，以期得到同样的另一次的服务"。③ 这就是

---

① 唐凯麟. 伦理学 [M]. 北京：高等教育出版社，2001：185.
② 张丽云. 简析关系营销中的商业道德问题 [J]. 商业研究，2000 (1)：155 – 157.
③ [英] 休谟. 人性论 [M]. 关文运，译. 北京：商务印书馆，1980：561.

"承诺"（promise）。休谟认为，承诺是一种经济正义法则，更是一种道德原则。经济主体之间如果没有这种相互承诺，那么，"人类的相互服务就可以说是消灭了"①。人们只有遵循这一法则，"相互信托和信任"，相互之间的经济交往，包括物品的交换、服务和行为的交换，才能达到"互相服务"和"互利"的目的。"承诺实际上是建立信源，承诺了就必须有信心去实现，实现了才会有信用和信誉。"② 经济服务正是在这种经济服务主体之间的相互履行承诺与彼此遵守信用的活动过程中促进个体道德人格的形成。

3.4.3　经济服务能够促进社会经济伦理观念的形成和发展

从经济服务中人与社会的关系来看，经济服务能够促进社会经济伦理观念的形成和发展。经济服务是在一定社会的市场经济条件下展开的服务实践活动，必须遵循一定社会的市场经济的一般规律和原则，而其中首要的原则就是等价交换原则。等价交换既是市场经济的价值规律和运行法则，又是市场经济的伦理原则。因为它"虽然直接表现为物与物之间的等价关系，但这种关系的背后所反映的是人与人之间的自由平等关系"③。正如马克思所说，在商品交换过程中，"每一个主体都是交换者，也就是说，每一个主体和另一个主体发生的社会关系就是后者和前者发生的社会关系"④，"如果说经济形式，交换，在所有方面确立了主体之间的平等，那么内容，即促使人们去进行交换的个人和物质材料，则确立了自由。可见，平等和自由不仅在以交换价值为基础的交换中受

---

① ［英］休谟. 人性论 ［M］. 关文运，译. 北京：商务印书馆，1980：560.

② 罗长海. 论服务的特征及其对文化形象的要求 ［J］. 上海第二工业大学学报，2002（1）：69 – 75.

③ 李兰芬. 等价交换的伦理意义 ［J］. 苏州大学学报（哲学社会科学版），1999（3）：16 – 18.

④ 马克思恩格斯全集（第30卷）［M］. 2 版. 北京：人民出版社，1995：195.

到尊重，而且交换价值的交换是一切平等和自由的生产的、现实的基础"①。经济服务必须遵循等价交换的规律，又内在地包含着等价交换的原则，因此有人认为经济服务是"一种可供销售的活动，是以等价交换的形式满足企业、公共团体或其他社会公众的需要而提供的劳务活动或物质产品"②。经济服务实质上是经济服务主体之间所进行的服务交换，而这种服务交换是建立在等价交换的基础之上的。经济主体在经济服务过程中遵循等价交换的原则，无疑能够营造一种平等、自由的社会经济服务环境，在这种社会经济服务环境中，经济服务的发展促进着社会经济伦理观念的形成和发展。一定社会的市场经济伦理观念的形成和发展是由多种因素促成的，其最根本的因素是社会生产力的发展和社会经济关系的变革。"人类道德生活的发展，就是一个新道德不断代替旧道德的过程，而构成这一过程深层的东西，则是社会经济关系的变革。"③ 生产力的发展，社会经济关系的变化，促进了一些社会经济伦理观念的形成，推动了一些社会经济伦理观念的发展。正是由于生产力的发展和社会经济关系的变化，社会经济服务也发生相应的变化，无论是经济服务理念、经济服务方式等都有了一定的深化和发展，都出现了一些更新，而这种深化、发展和更新也必然带来社会经济伦理观念的变化、发展和更新。经济服务主体正是运用了这种变化、发展和更新了的经济伦理观念的指导又去创造新的经济服务方式。随着现代社会经济服务关系的发展与演变，人们逐渐开始对经济服务的目的和功能进行反思。经济服务是服务经济，还是服务社会？是为利润服务，还是为公众服务？经济服务生产者只是纯粹的生意人吗？显然，经济服务活动并不仅仅是一种生意，经济服务生产者也并不只是纯粹的生意人，而是"以服务公众的敬业精神将利润与服务、报酬与活动统一起来"的"职业

---

① 马克思恩格斯全集（第30卷）[M].2版.北京：人民出版社，1995：199.
② 冯丽云，程化光.服务营销 [M].北京：经济管理出版社，2002：2.
③ 唐凯麟.伦理学 [M].北京：高等教育出版社，2001：73–74.

和职业家"（profession and professionals），① 这种职业和职业家概念明显具有生意所没有的伦理含义。同样，"卓越"（excellence）、"共生"（ky-osei）等新的经济伦理学概念，也表现了经济服务主体追求卓越、弘扬美德的伦理精神，表达了经济服务主体之间、人与自然之间"相互依赖、相互支持、共同和谐繁荣生存的理想状态"②。中国改革开放以后，实现了由计划经济体制向社会主义市场经济体制的转变，从国家经济服务的角度来看，这种转变也可以说是经济服务手段和方式的转变。市场这一新的经济服务手段和方式的确立，无疑促成了竞争、平等、效益、创新、自由等新的社会经济伦理观念的形成。经济服务的现代发展同样推动着社会经济伦理观念的发展和更新。知识经济、网络经济，特别是服务经济的兴起和迅速发展，使得经济服务在当代世界经济生活中的地位越来越突出，经济服务化、服务个性化的趋势越来越明显，经济服务的这种新的发展特征和趋势又推动了社会经济伦理观念的变化，以人为本、自由开放、公平服务等社会经济伦理观念得以深化和发展；个性服务、精神服务、绿色服务等新的社会经济伦理价值观念得以形成。

---

① 陆晓禾．走出"丛林"——当代经济伦理学漫话［M］．汉口：湖北教育出版社，1999：129．

② 陆晓禾．走出"丛林"——当代经济伦理学漫话［M］．汉口：湖北教育出版社，1999：133．

第4章

经济服务伦理范畴之效益与公平

　　自古希腊以来，公平、正义、平等、自由等问题一直是思想家们研究的主题，特别是随着现代资本主义市场经济的发展，与上述问题相对应的效益问题以及它们之间关系的协调，更成为经济学、社会学、伦理学、政治学、政治哲学等不同学科关注的热点。西方理论界对于效益和公平问题的研究所取得的成就主要表现在以下三点：① 第一，他们的研究非常注重现实的可操作性，许多学者建立了理论模型和数学模型。第二，提出要从人文价值与科学理性相统一的角度研究效益和公平及其相互关系问题，如阿瑟·奥肯所说："在平等中放入一些合理性，并在效率里添加一些人性。"② 或如彼得·德鲁克所说："下一种经济学也许试图再次兼有'人性和科学'两个方面"，"以生产率为基础的经济学可能成为所有伟大经济学家努力追求的东西：既是一种'人性'，一种'道德哲学'，一种'精神科学'，又是一种严谨的'科学'"。③ 第三，

---

① 史瑞杰. 社会哲学视野中的效率和公平 [J]. 人文杂志，2000（1）：1 - 9.

② [美] 阿瑟·奥肯. 平等与效率 [M]. 王忠民，黄清，译. 成都：四川人民出版社，1988：156.

③ [美] 丹尼尔·贝尔，等. 经济理论的危机 [M]. 陈彪如，译. 上海：上海译文出版社，1985：28 - 29.

有些学者已经注意到只有超越具体社会科学，借助于社会哲学的前提假定，才有可能使效益和公平及其关系的探讨具有终极依凭。布坎南（James M. Buchanan）就力图把政治经济学置于一种更为广阔的社会哲学的背景之中，以期寻求"外在的以及与参与者相互作用的个人价值观无关的价值准则"，从而获得"合法性"。① 国外关于效益与公平的研究存在着明显的局限。一是他们对效益和公平的理论前提的设定是虚假的，无论是对"经济人""理性人""道德人"的假设，抑或是对自由主义的过分张扬和对个人权利的绝对夸张，还是认为正义原则是在所谓"无知之幕"（veil of ignorance）后面选择的结果，都不能说明正确地处理效益和公平的关系何以可能。因此，对效益和公平的理论前提的进一步追问，就成为研究二者的关系不能回避的一个重大理论问题。二是许多西方学者在探讨效益和公平的关系时均不无偏见地放大了特定制度背景的制约作用。他们在为资本主义私有制进行辩护的同时，对社会主义公有制大加挞伐。无论是冯·米瑟斯、米尔顿·弗里德曼、布坎南，还是约翰·罗尔斯、罗伯特·诺齐克，尽管在他们之间也有争论，但都不同程度地认为公有制和计划经济既不能促进效益，也不能保证公平。这些先入为主的价值判断，阻碍了西方学者对效益和公平真实关系的进一步揭示。

那么，究竟怎样才能正确地处理效益与公平的关系呢？一方面，效益和公平关系的实际处理，必须以是否有利于人的各种需要的满足作为最终判据。人是在自身需要的不断满足中生存着的。在马克思看来，需要与人的生成是同一的——在需要的不断满足中，人获得丰富、完善和发展，而这一同一的现实基础是劳动实践。劳动的实质是创造，即在劳动中不仅生产出维持生存必需的产品，而且还创造出摆脱肉体需要支配的各种非生存活动，如艺术、理论、宗教等活动样式。劳动创造性的丰

---

① ［美］詹姆斯·布坎南. 自由、市场与国家［M］. 平新乔，等译. 上海：上海三联书店，1989：399.

富恰是人的需要的丰富，而人的需要是在现实具体的劳动实践中展开，并且逐步显现为效益和公平及其关系的。如果这一理论前提成立的话，则现实的效益和公平关系的实际处理，必须以是否有利于人的各种需要的满足作为最终判据。据此，我们就找到了效益和公平的合法性依凭。因之，各种"经济人""理性人""道德人"以及自由主义、个人权利和"无知之幕"等假设，必须在这一理论前提下，才具有部分的合理性。① 另一方面，处理效益和公平的关系，还得以为了人为目的，把眼光放在人以外的、人赖以生存的环境上去。当代生态伦理认为，动植物也与人一样有同等的权益。人们不能为了自己的公平、效益的实现，而冒犯它们！总之，在效益和公平的关系中，二者之间存在着一种张力，我们应当在具体的社会历史背景中寻求实现二者基本平衡的一个个不同的结合点。对于效益和公平的关系，绝不能用把一方归结为另一方的方式去处理，这不仅会损害效益，而且会妨碍公平的真正实现。

从经济服务的视角来看，所谓效益与公平的关系就演化为经济服务效益与经济服务公平的相互关系。因为经济服务是一种特殊的经济实践活动，是经济服务主体为了实现一定目的，依据一定的经济原则和伦理准则所进行的服务实践活动，它本身就内含着效益与公平的基本要求。在经济服务活动中，经济服务主体需要正确处理好服务效益与服务公平的内在关系。那么，如何正确处理这一关系呢？这就首先必须对服务效益与服务公平作出分析。

4.1 服务效益：经济服务的伦理要求

效益是一切经济活动的永恒主题，也是经济活动的直接目的，任何

---

① 史瑞杰. 社会哲学视野中的效率和公平 [J]. 人文杂志, 2000 (1): 1 - 9.

经济活动都是为了获得一定的效益，显然，效益是经济学的核心范畴之一。同时，效益也是伦理学的一个重要范畴，因为效益具有深刻的伦理道德含义，伦理学所研究的效益是公正与和谐的效益，即善的效益。经济服务作为一种经济活动也是以效益作为生命的，效益的高低直接影响着经济服务主体的生存和发展。因此，服务效益是经济服务的基本的伦理要求。

4.1.1 服务效益是经济效益、社会效益、生态效益的统一

经济服务活动以服务效益为基本的伦理要求，意味着经济服务应该只以较少的投入就能获得良好的经济服务效果和利益，包括经济利益、社会利益和生态利益。服务效益是经济效益、社会效益和生态效益的统一。

经济效益是指经济主体的经济活动以较少的投入能获得较好的经济效果和较高的经济利益。从整个社会来看，经济效益只是经济服务主体短期的利益所在，社会效益才是经济服务主体长期的价值追求。人类的社会活动包括经济活动、政治活动、文化活动等，显然，经济效益包含于社会效益之中，并且构成其重要方面。但是，一般而言，社会效益是指除经济效益以外的对社会生活有益的效果。正如贝利所说：社会效益指的是，"在商品服务市场与职位创建之外，企业对社会的贡献。"① 社会效益与经济效益并不完全构成一种正相关关系，也就是说经济效益好，社会效益并不一定就好，而经济效益不好，社会效益并不一定就差。如烟草生产服务、毒品加工服务，其经济效益是非常好的，但社会效益却比较糟糕，甚至是反社会效益的；还有的服务者提供黄色制品、网上色情等服务，往往能获得可观的经济效益，但社会效益同样是很差

---

① ［美］利奥纳德·贝利. 服务的奥秘［M］. 刘宇，译. 北京：企业管理出版社，2001：293.

的。正是在暴利的驱动下，有人铤而走险地从事与法律、道德相违背的服务活动，这些服务活动给行为主体带来了可观的经济效益，同时也给社会造成了不良的负面效益。因此，服务效益要求经济服务不仅要有经济效益，而且要讲社会效益。

此外，服务效益还内涵了对第三种效益——生态效益的考虑。在社会生产力和科学技术迅速发展的今天，人类对自身赖以生存和发展的生态环境的破坏日益严重，寻求人与自然的和谐发展是人类摆脱生态和环境危机的唯一出路。经济服务作为人类的一种经济实践活动，可以在节约资源，降低社会成本等方面做出贡献，同时，经济服务的伦理精神应当将人文关怀的对象从经济服务消费者扩大到人类社会以至整个自然界。因此，服务效益还应当包括生态效益，人们的经济服务活动也应该考虑生态效益，生态效益原则应该成为经济服务效益原则的重要组成部分。生态效益与经济效益、社会效益的关系非常复杂，它们之间的关系也并不是完全一致的，有时候经济效益的取得恰好以牺牲社会效益和生态效益为代价。据前几年的报道，广东省汕头潮阳区贵屿镇，一些企业回收旧电脑零部件曾为当地人创造了大量工作机会，但久而久之，"洋垃圾"大量堆集，使原来山清水秀的镇子变成了远近闻名的"垃圾镇"。"洋垃圾"是随着我国经济的迅速发展和改革开放的不断深入，伴随着大量外国商品而涌入中国的。它不仅威胁着人们的身体健康，也给国家经济、环境带来巨大危害。

经济效益、社会效益、生态效益虽然相互区别，但三者又是统一的。一般而言，社会效益、生态效益往往代表着长期的、整体的、社会的利益，体现的是有利于他人、社会，为他人、社会的利益考虑的价值特性，而经济效益更多地代表着短期的、局部的、个人的利益。正如贝利所说："企业将人力及其他资源投入到商品与服务当中，来创造经济效益。这种投入是为追求财富，给社会带来经济效益。确实社会不可能没有它而存在，但是这是对经济效益的追求，而不是社会效益。社会效益是人们生活质量的提高，是在商品服务数量和经济资源之上的。"①
其实，良好的经济效益能为社会效益、生态效益的取得提供物质条件；
而社会效益、生态效益不好，经济效益最终也必将受损。因此，经济服
务主体在处理经济效益、社会效益、生态效益的关系时，应统筹兼顾、
综合权衡，尽量努力追求三者的同步增长。既反对那种为片面追求经济
效益而不顾社会效益和生态效益的做法，也反对那种单纯讲求社会效益
和生态效益而忽视经济效益的行为。当三者发生矛盾时，应当从全局出
发协调三者的关系。从总体上说，经济效益应该服从社会效益和生态效
益。这对于经济服务主体特别是服务企业的长远发展，乃至整个社会经
济的发展都具有重要意义。贝利指出：优秀的服务性企业总是"深深地
打着社会效益的烙印。赚钱并不是一切。他们追求着更深层次影响社会
的机会。为了提供创造社会效益的资源，创造经济效益也是一个高尚并
且必须的目标。但单纯的去创造财富就显得太目光短浅了"②。贝利还
特别谈到热衷于自然环境保护的 Special Expeditions 服务公司，这家公
司推出"责任之旅"，他们"投入大量的资金、时间和其他各种资源以
保护——某些情况下修复——他们带旅行者所游历的世界各地。他们尽
力丰富参加者的知识，使他们意识到环境问题"③。良好的生态效益意
识和服务意识使这家服务公司获得了极大的成功。这些都说明，优秀的
服务性企业都不会忽视服务效益的任何一个方面，经济服务主体应该追
求经济效益、社会效益和生态效益的和谐统一。

4.1.2 服务效益的伦理定位

对服务效益进行伦理定位，就是研究服务效益与伦理的关系。作为

①② ［美］利奥纳德·贝利. 服务的奥秘 ［M］. 刘宇，译. 北京：企业管理出版社，
2001：293.
③ ［美］利奥纳德·贝利. 服务的奥秘 ［M］. 刘宇，译. 北京：企业管理出版社，
2001：48.

经济服务活动的基本伦理要求，服务效益包括经济效益、社会效益和生态效益，社会效益所直接体现的是经济服务主体对社会的积极作用和意义，生态效益所体现的是服务生产者对自然环境的责任和价值，它们都直接体现着经济服务主体的道德关怀，体现着服务效益原则的伦理底蕴。因此，在服务效益与伦理的关系中，我们应当重点考虑经济效益与伦理的关系，而这一关系又通过效益与公平（或公正）的关系集中体现出来。所以，对服务效益进行伦理定位实质上就是要研究服务效益获得的目的（为了谁）与获得的手段（如何获得）的伦理合理性。

对服务效益进行伦理考量首先要追问这种考量是否具有必要性。古典自由主义经济学家亚当·斯密认为，在经济活动中，每个人都是自私利己的，都在想着各种办法提高效益以增进自己的利益，但由于受一只"看不见的手"的指导，人们的经济行为会自然的合乎道德的要求。按照亚当·斯密的设计，在一只"看不见的手"的引导下，个人为了满足自身的利益，"自然地"或"必然地"会使他们尽力去实现社会的利益，而且还能够更有效地促进社会利益的实现。他认为，个人"受着一只看不见的手的指导，去尽力达到一个并非他本意想要达到的目的。也并不因为事非出于本意，就对社会有害。他追求自己的利益，往往使他能比在真正出于本意的情况下更有效地促进社会的利益"①。这就是说，一只"看不见的手"自然会发挥神奇的力量，把自利的"经济人"引渡到道德的彼岸。斯密的"看不见的手"的理论突显了经济与道德的自然契合，以经济正当性代替伦理应然性。这说明，在斯密那里，经济、利益从而效益天然是合伦理的。这无疑从逻辑上取消了对效益进行伦理评判的必要性。现代新自由主义经济学家（如哈耶克、高西尔、弗里德曼等）则主张，经济活动和行为在价值上是中立的，它只服从赢利

---

① ［英］亚当·斯密. 国民财富的性质和原因的研究（下卷）［M］. 郭大力，等译. 北京：商务印书馆，1974：27.

原则，无所谓道德或不道德，因而经济行为从而效益与价值无涉。经济效益不是道德考量的对象。高西尔甚至认为，在一个完全竞争的市场中，道德没有地位，这并不是什么缺点，而恰恰正是市场的本质性的德行（难怪乌尔里希提出要对市场的赢利原则进行"基础批判"，才能从根本上改变市场的不道德性）。①

在自由主义经济学家们看来，效益本身似乎并不需要道德论证与伦理评判，"一些固守经济学与伦理学之间严格的知识界限的经济学者更是对此深信不疑。然而，这种确信是有疑问的，即使我们需要明确并执守经济学与伦理学之间的严格的知识界限，也不能得出结论说，效益本身不需要道德论证，没有获得充分的道德证明支持的效益或效益原则肯定是不充分的"②。这就是说，自由主义经济学家们的观点是不能同意的。因为作为人的有目的的实践活动，经济服务和其他一切经济活动一样都是人们创造物质产品和精神产品的劳动过程，目的是为了满足各自的需要。这种服务劳动实践过程无疑应该是有效益的，没有效益，服务劳动就不能丰富和发展，从而就会失去目的性这一人的任何活动都必然具备的基本特点。所以，效益是人的经济服务活动的内在的目的性规定。在经济服务过程中，人们通过相互的经济交换行为结成各种服务协作关系，其目的也是为了取得效益。既然效益关涉到人的目的，那么它就不会与价值无涉。正如皮德里特（Piderit）等人指出的："当效益关系到根本价值的实现时，它所处的就不是中立的地位。"③

既然服务效益的伦理考量是必要的，那么我们就可以追问服务效益的目的在伦理上的正当性，也就是说，这种效益到底是为了谁。服务本质上是人与人之间的一种社会交换关系，经济服务活动就是要高效益地

① 甘绍平. 伦理智慧 [M]. 北京：中国发展出版社，2000：20-24.
② 万俊人. 道德之维——现代经济伦理导论 [M]. 广州：广东人民出版社，2000：100.
③ [美] 托马斯·唐纳森，托马斯·邓菲. 有约束力的关系：对企业伦理学的一种社会契约论的研究 [M]. 赵月瑟，译. 上海：上海社会科学院出版社，2001：151.

协调人与人之间的经济关系，以实现经济服务主体的目的和需要。马克思指出：资本的关系是一种物化了的人与人的关系，"人与人的关系表现为物与物的关系并表现为物——由此而产生的矛盾存在于事物本身，而不是存在于表达事物的用语中。"① 同样，服务效益也必然内蕴着人与人之间的关系。而这就为我们追问服务效益的目的和意义提供了可能性。

关于效益的目的问题，伦理学史上功利论或目的论与义务论或道义论之间一直就存在不同的看法。功利论者坚持"最大多数人的最大幸福"的原则，把功利、幸福、快乐三者直接等同，用功利来评判一切事物，认为功利和效益就是一回事，效益具有内在的目的性价值，其本身就是合理的，是最符合人的本性的，也就成为衡量一切事物价值的唯一标准。在功利论者那里，效益问题等同于目的问题，"伦理学被缩减成了最大的快乐之目的对资源所进行的最佳的分配。"② 正如万俊人教授指出的："若遵循价值目的论的路径来论证市场经济的道德合理性，伦理学的'效果论'就不过是经济学理论的重复，除了用效益、效率和效果来证明市场经济的合理性外，伦理学并没有提供什么新的东西。"③ 而义务论则过于强调行为动机的纯洁性与正当性和道德原则与规范的形式合理性，认为效益必须合于道义才是合理的，从而导致效益与道德的通约可能性被人为地增加了过于苛刻的条件，试图获得效益的经济主体的行为在道德原则面前在很大程度上是没有多少回旋余地的。因而，在道义论者那里，伦理学实质上纯粹是为自身辩护、孤芳自赏的卫道士，是经济学的批判者。所以，"若遵循道义论的言路来探讨市场经济，对外在结果的轻视和对某种内在道德性（例如，动机、行为之合乎某种原则和规范的正当性等）的偏重，又会使伦理学不由自主地扮演市场经济

---

① 马克思恩格斯全集（第 26 卷第三册）［M］．北京：人民出版社，1974：147．
② ［德］彼得·科斯洛夫斯基．资本主义的伦理学［M］．王彤，译．北京：中国社会科学出版社，1996：32．
③ 万俊人．道德之维——现代经济伦理导论［M］．广州：广东人民出版社，2000：81．

的批判者和指控者角色。这样，市场经济作为人类社会文明进步的重大成就，就难以得到必要的道德辩护。"①

由此看来，考察效益的目的，人们既不能单纯依据功利论或目的论，也不能单纯依据义务论或道义论。功利论和义务论实际上是把经济效益和伦理道德完全对立起来，片面和错误地理解了人的本质需要。人的本质需要是指为了满足人的本质发展所产生的需要，它自始就包括物质的、精神的两个方面。人的物质需要和精神需要这种双重需要，是随着物质资料生产的丰富和发展而不断丰富和发展的。事实上，无论是物质利益还是伦理道德，都必须服从人的本质需要这一目的，只有人的本质需要才能作为终极价值，才是效益目的的价值评判标准。功利作为物质利益不过是实现人的本质需要中物的方面的手段。效益作为人的目的，本质上是为实现人的本质需要服务的。因而效益的目的善来源于它作为实现人的本质需要的手段善。如果人们一味地强调效益对于人的终极价值的合理性，就必然会导致人的物化，造成人的片面发展。就像万俊人教授所指出的："作为实现人类目的的有效手段，蜕变成了违反人性和人类目的的工具，甚至常常取代人类目的而成为人类目的本身。很显然，创造财富、效益、金钱是为了人类的生存和发展，而不是相反。如果财富、效益、金钱变成了人类目的本身，那么，人类自身也就沦落成了财富、效益、金钱的奴隶。"② 道义作为精神价值也不过是实现人的本质需要中精神方面的手段。道义相对于人的本质需要，只能是一种手段善。因此，只有从人的本质需要出发，以人作为最高目的，才能合理地解决效益的目的问题。

关于效益的手段问题，我们必须从目的与手段的辩证关系中才能得到理解。目的与手段是相互制约、相辅相成的关系。目的需要一定的手

---

① 万俊人.道德之维——现代经济伦理导论［M］.广州：广东人民出版社，2000：81.
② 万俊人.道德之维——现代经济伦理导论［M］.广州：广东人民出版社，2000：73.

段才能实现，手段善以目的善为前提条件，而手段也受目的的制约。对于效益而言，它之作为手段，是因为它是为了实现人的本质需要这一目的的正当性，它之作为目的，则还需要实现它的手段是正当的。这种手段的正当性就体现在实现它的行为的合理性之中，而行为的合理性就是各种道德原则与规范的要求。因此，效益的手段善来源于获取效益的行为的道德性，即来源于经济活动和经济行为的道德性。在经济服务活动中，服务者应当按照人本、公正的伦理原则与被服务者展开服务，遵循诚实守信、互利互惠的原则，不利用自己的信息优势，采取欺诈、损害他人利益等手段来牟取利益。总之，效益之作为手段服从于效益之作为实现人的本质需要之目的，各种效益都必须接受人的本质需要和目的这一最高价值的检验和校正。

由此看来，我们对服务效益进行伦理定位，就是要坚持一种综合的、社会的和公正的服务效益观，即符合人的本质需要和目的的，包括物质服务、精神服务以及服务的公平性等内涵的综合的服务效益观。这种服务效益观不仅是经济意义上的，而且是道德意义上的，它是"为了使人们能够获得基本的或'必要的'社会利益而设计的。这是所有具有理性的人都渴望的利益，诸如健康、教育、住房、食物、衣服和社会正义。……如我们将要解释的，必要的社会利益有两大类，即正义和总的经济福利"①。可见，在经济服务活动中，服务效益并不是一个孤立的概念，它与服务公平有着天然的联系，服务效益的伦理定位，应当把效益问题与公平问题联系在一起。

4.1.3　服务效益的伦理价值维度

经济服务是一种与伦理道德有着密切关系的服务实践活动。经济服

① ［美］托马斯·唐纳森，托马斯·邓菲. 有约束力的关系：对企业伦理学的一种社会契约论的研究［M］. 赵月瑟，译. 上海：上海社会科学院出版社，2001：149.

务作为一种经济行为是以效益为生命的，而经济服务的可持续发展则是以经济服务效益为前提的，因此，经济服务效益应当是符合伦理的效益。所谓经济服务效益是指经济服务资源投入与经济服务效果产出的比率以及经济服务资源分配的有效性。经济服务效益是联系经济服务资源和经济服务效果的核心环节，经济服务效益的提高可以在保持经济服务效果不变的前提下节省经济服务资源，从而使经济服务生产者有可能避免预制过多的服务能力，而将更多的精力放到经济服务的长远和可持续发展上。服务效益的伦理价值由价值客体、价值主体和客体满足主体的程度三个要素组成，由此可以引申出与此三要素分别联系的服务效益的三重伦理维度，即"何种服务效益""谁之服务效益""怎样的服务效益"。

"何种服务效益"是经济服务效益伦理价值维度的前提和基础。符合伦理的经济服务效益，意味着经济服务行为应该只以较少的经济服务资源投入就能获得良好的经济服务效果和利益，包括经济利益、社会利益和生态利益。这意味着经济服务效益既追求经济服务资源最优配置的效益价值目标，又谋求经济服务资源再分配的公平价值目标，即经济服务效益表现为经济价值和伦理价值的有机统一。因此，符合伦理的经济服务效益应当是经济服务的经济效益、社会效益和生态效益的统一。经济服务的经济效益强调经济服务资源的最优配置，追求经济福利的最大化；经济服务的社会效益是指经济服务应以社会价值为目标，必须与公共利益、社会公正等价值目标结合起来，凸显社会性经济服务的应有地位；经济服务的生态效益是指经济服务主体在提供满足社会生产、分配、交换和消费需求，保证社会大众生活质量的产品或服务的同时，能逐步降低产品或服务的生态影响和资源的消耗强度。经济服务的经济效益、社会效益、生态效益既相互区别，又相互联系。经济效益是经济服务可持续发展的基础，它能为经济服务的社会效益、生态效益的取得提供物质条件；社会效益和生态效益是经济服务的价值归宿，它为经济效益提供价值导向，并能有效地促进经济效益的提升。从总体上说，经济服务的经济效益应该服从经济服务的社会效益和生态效益，这也是经济服务可持续发展的伦理价值目标的内在要求。

"谁之服务效益"是经济服务效益伦理价值维度的核心。对经济服务效益的伦理价值主体性追问，实质上就是要考察经济服务效益获得的目的（为了谁）的伦理合理性。作为人的有目的的经济实践活动，经济服务是人们创造经济产品或服务的劳动过程，目的是为了满足经济服务主体的需要。所以，经济服务效益是经济服务行为的内在的目的性规定，提高经济服务效益是经济服务不可忽视的重要价值目标。正因为经济服务效益关涉到经济服务主体的目的，所以它就不会与价值无涉。人的需要，从本质上来说，是要通过人的劳动创造来满足，这也使得人的需要必然决定于生产和社会的发展。物质生产不仅决定需要的内容和满足需要的方式，而且产生了新的需要。"已经得到满足的第一个需要本身、满足需要的活动和已经获得的为满足需要用的工具又引起新的需要。"① 因此，人的需要本质上是社会性质的需要。马克思指出："我们的需要和享受是由社会产生的，因此，我们对于需要和享受是以社会的尺度，而不是以满足它们的物品去衡量的。因为我们的需要和享受具有社会性质。"② 人的本质需要，是随着物质资料生产的丰富和发展而不断丰富和发展的。事实上，无论是物质利益还是伦理道德，都必须服从人的本质需要这一目的，只有人的本质需要才能作为终极价值，才是经济服务效益目的的价值评判标准。经济服务效益作为经济服务的目的，从根本上说是为实现经济服务主体的本质需要服务的，即不断创造和丰富经济产品，不断提升经济服务的精神层次和境界。

"怎样的服务效益"是经济服务效益伦理价值维度的最终归属。它

---

① 马克思恩格斯全集（第3卷）［M］. 北京：人民出版社，1960：32.
② 马克思恩格斯全集（第4卷）［M］. 北京：人民出版社，1958：367 – 368.

关涉到经济服务资源分配效益、经济服务深度选择效益的伦理价值维度问题，实质上就是经济服务主体与经济服务资源之间的利益分配效益、经济服务生产者与经济服务消费者的素质能力效益的伦理价值维度问题。在这双重考量维度中，经济服务主体与经济服务资源之间的利益分配效益是前提和基础，经济服务生产者与经济服务消费者的素质能力效益的发展是根本目的。在有效益的经济服务过程中，经济服务生产者和经济服务消费者没有高低贵贱之分，是自由的、平等的经济服务主体，他们之间是相互尊重、相互承诺、相互协作、相互影响的。这种相互尊重、相互承诺、相互信用、诚实公平的良好氛围，将促使经济服务生产者和经济服务消费者个体创造、成功、自由等价值目标的高效实现，促使经济服务实践主体向着自由全面发展的自由人道德境界不断迈进，最终实现"通过人并且为了人而对人的本质的真正占有"①。

4.2 服务公平：经济服务的伦理保障

公平是与公正、正义属同等程度的范畴，在很多学科领域中被广泛使用。当代社会发展的实际状况使人们感到，在人类知识文化系统中，公平是一个越来越必须得到关注并引起深入探讨的问题。政治学、经济学、法学、哲学、伦理学等都不能回避对公平发表自己的看法。在经济服务活动中，服务公平是我们不能回避的一个重要议题，它是经济服务发展的伦理保障。

4.2.1 服务公平是评价经济服务的伦理尺度

探讨服务公平这一经济服务活动中的公平，无疑应当先了解何谓经

---

① 马克思恩格斯全集（第 42 卷）［M］. 北京：人民出版社，1979：120.

济公平。经济公平是公平问题的核心。一般而论，经济公平是指，"在社会经济生活领域中，不同经济利益主体，按各方可接受的条件处理相互关系——主要是经济竞争中的关系，合理分配经济利益"①。经济公平的主要内含包括经济竞争的起点公平即"机会均等"、经济竞争规则及其操作公平、分配公平以及结果公平。

恩格斯认为，公平"始终只是现存经济关系的或者反映其保守方面，或者反映其革命方面的观念化的神圣化的表现"②。所谓观念化的表现，即公平是人们对社会事物进行价值评价时表现出来的观念，是一种价值评价形式，一种思想意识。它可以是一种公平感，也可以是一种学说、理想、主张以及体现为一定的制度等。公平观体现在社会的经济、政治、道德、法律等多个领域，即有经济领域的公平、政治领域的公平、道德领域的公平、法律领域的公平，是评价各种社会关系的重要标准。公平观作为社会意识形态，有一定的历史连续性，但归根到底是现存经济关系的反映，是随着社会经济关系的发展变化而发展变化的。"关于永恒公平的观念不仅因时因地而变，甚至也因人而异。"③ 不同的时代，不同的阶级，不同的学派各有不同的公平观，抽象的，超时代的永恒公平是不存在的。公平的标准也随着历史的演进而不断更新，随着时代的变迁而不断补充新的内容，所以没有永恒的公平定则。

当代西方学者对经济公平问题进行了广泛研究，大体说来，在对公平的具体判断上，现代西方经济学主要采取三类标准：一类是客观标准，主要以分配的结果为判别依据；另一类是主观标准，以人们的心理状态和主观感受为依据；还有一类是主观标准和客观标准的结合。④

以收入平等为标准是西方经济学家对公平的最普遍的理解和占统治

---

① 周诚. 关于公平问题的探索 [N]. 中国经济时报, 2004 – 08 – 17 (5).
②③ 马克思恩格斯选集（第 2 卷）[M]. 2 版. 北京：人民出版社, 1995：212.
④ 宋圭武，王渊. 公平、效率及二者关系新探 [J]. 江汉论坛, 2005 (9)：23 – 26.

地位的观点。阿瑟·奥肯（Arthur Okun）在《平等与效率》一书中，就把公平视为收入的均等化。对公平的分析采取主观标准的西方经济学家讲法各式各样。有的从投入和产出的比较，根据人们的得失感觉去判断公平程度；有的也是把公平与收入联系起来，分析人们对分配结果的心理感受；还有一些西方学者以妒忌与否作为判别公平的依据。另外，当代美国哲学家罗尔斯也提出了一种新的公平观。这种公平观实际上是一种主观标准和客观标准的结合。罗尔斯假定，在一个处在初始状态下的社会中，任何人都不知道未来的变化究竟会使其状况变好还是变坏。在这种不确定的情况下，回避风险的人们宁可选择能使他们在未来的变化中处于平均状态的分配，只有当不平等的分配能使处在最坏状态下的人比实行均等分配得到改善时，不平等的分配才是可取的。

服务公平实际上是经济公平在经济服务这一特殊领域中的具体体现。它包括两个方面的内容：其一是经济服务生产者之间竞争的公平、分配和结果的公平；其二是经济服务生产者与经济服务消费者之间的公平，这是服务公平的核心。它要求经济服务生产者对经济服务消费者要一视同仁，即不论什么样的消费者都要热情对待，不能"衣帽取人"，以貌取人。古代"商人八训"中提到的接待"百文"的顾客要比接待"十两"的顾客更热情正是如此。

服务公平是经济服务主体所应当遵循的一项重要的伦理原则，它是评价和衡量经济服务行为的伦理尺度，对经济服务的发展具有重要作用。服务公平作为经济服务的一项伦理原则，虽然在不同社会经济发展时期有着不同的内容，但总是能够得到人们的认可。它对人类的经济服务行为起着制约作用，能够保障经济服务活动符合伦理地进行。另一方面，服务公平的重要意义还在于它是人类经济服务行为的评价尺度。因为它作为经济服务的伦理要求和社会秩序的维系的价值准则，是得到经济服务主体和社会成员的广泛认可的，人们很容易在公平问题上达成共识。"公平观念已成为组织成员共享的价值观念。"① 而且公平已被人们高度普遍化、内在化,它"已通过实践和体验深深地渗入了人们的灵魂",而常常"在无明确反映的情况下发挥影响"。② 因此,人们也就会用这一基本的、得到公认的衡量尺度来评价各种经济服务制度和经济服务行为,服务公平已经成为评价经济主体经济服务行为特别是经济服务管理行为的重要伦理尺度。在经济服务过程中,服务主体尤其是服务性企业只有为顾客提供公平的服务,才能赢得顾客的信任和忠诚。美国学者赛德丝(Kathleen Seiders)和贝利(Leonard L. Berry)指出:服务的无形性加大了顾客的购买风险。在购买服务之前,顾客无法评估服务质量,有时,在消费服务之后,顾客仍可能无法准确评估自己的服务消费经历。为了谋取私利,不公平的服务性企业很可能会损害顾客的利益。因此,服务的无形性使顾客更重视服务的公平性。他们还指出:在服务过程中,服务人员的细微疏忽都可能会使顾客觉得自己遭到了不公平的待遇,进而产生不满情绪。在这种情况下,服务性企业不仅会失去某位不满的顾客,而且会因这位顾客的不利口头宣传而失去大批顾客。因此,服务性企业必须高度重视服务公平。③ 贝利还谈道:"作为一个执行过程,对顾客来说像对有形商品那样给服务估价是很困难的。消费者不能把服务穿在身上试试肥瘦或体味一下感觉;而且也没有物化指标作为参照,又无测试程序可用。顾客只能先付款买下服务然后再去实际体验。""消费者通常是在经历前来购买服务的。在乘坐 Midwest Express 的飞机之前,乘客必须首先买票;在 Paper valley 旅馆住宿之前,客人

---

① 林涛. 客户服务管理 [M]. 北京:中国纺织出版社,2002:338.
② [德] 柯武刚,史漫飞. 制度经济学:社会秩序与公共政策 [M]. 韩朝华,译. 北京:商务印书馆,2000:89.
③ Sciders K, Berry L L. Service fairness: what it is and why it matters [J]. The Academy of Management Executive, 1998, 12 (2): 8 - 20.

必须首先登记，也就是同意付钱。"① 由此看来，服务的不确定性使消费者对服务的公平性更加敏感，从而也往往用公平这一伦理尺度来评价服务生产者的经济服务行为。因此，服务生产者必须高度重视经济服务的公平，从而把服务公平真正作为自身经济服务行为的一项伦理原则和要求，也只有这样才能赢得消费者的信任和忠诚，才能实现卓越服务的伦理目标。

4.2.2 服务结果公平和服务程序公平

根据以上对公平的分析，如果以公平行为人的性质为依据，可将公平分为个人公平和社会公平；而以公平的内容和手段为标准，可将公平分为交换公平、分配公平和程序公平。交换公平一般是指以个人为主体的公平，而分配公平和程序公平则是指以社会或组织为主体的公平。那么，具体到作为经济服务伦理要求的公平，如果以经济服务行为人，即经济服务主体的性质为依据，就可以将服务公平分为个人服务公平和社会服务公平，服务公平主要是指以社会或组织为主体的公平，即个体或团体对社会或组织对待他们的公平性的一种知觉；如果以服务公平的内容和手段为依据，则可将服务公平分为服务结果公平和服务程序公平。所谓服务结果公平，是指经济服务主体的服务行为所导致的结果或分配上的公平，它是被服务者对服务结果的公平程度的一种知觉。美国学者德奇（Deutsch）认为结果公平（分配公平）主要指利益和代价的分配是否公平。另一美国学者瑞斯（Harry T. Reis）采用 17 项指标衡量结果公平，其中包括公正、平等和符合需要。"公正"指顾客在服务交往中的投入应该与其得到的利益相当；"平等"强调每个顾客应该得到相同标准的服务结果；"符合需要"指顾客在消费中获得的利益应该满足他

---

① ［美］利奥纳德·贝利. 服务的奥秘［M］. 刘宇，译. 北京：企业管理出版社，2001：45-46.

们的需要。① 所谓服务程序公平，是指经济服务主体的服务行为过程和方法的公平，它是被服务者对获得服务结果的过程和方式的公平程度的一种知觉或主观判断，包括服务对象积极参与服务过程，服务双方关系的协调性以及服务过程的合理性等。让被服务者积极主动地参与到经济服务过程中，实现服务双方的良性互动，这样就能够满足他们服务交往、人格尊重、自我实现等高层次的需要，从而提升他们对经济服务过程的公平感。以旅游服务为例，作为服务者的旅行社，应当让被服务者即游客积极地参与到旅游服务过程中，实现服务双方的相互沟通、合作与密切交往，旅行社要能够按照旅行计划工作做到服务可靠、准确、巧妙、及时，并且迅速满足顾客的需要，在细节处也为顾客考虑周全；同时又能有效应付突发的事件。这样才能体现出旅游服务程序上的公平。

服务结果公平与服务程序公平二者对经济服务过程的影响和作用有所不同。服务程序公平更能体现被服务者对整体服务质量的感觉，如到高级宾馆消费的顾客希望得到一流的服务，与一般餐厅顾客相比，他们往往更关注餐厅服务人员的服务态度、服务行为和职业道德。而在医疗服务中，医院的规章制度、收费标准、临床用药等针对患者的就诊程序，更能体现出经济服务程序的公平性。因此，服务程序公平"对整个服务业来说是非常重要的，对于那些暗箱操作型服务业来说尤为重要。因为在这种运作方式下，消费者更容易受到欺诈"②。服务结果公平是决定被服务者满意程度的决定性因素。根据社会交易理论，公平合理的服务结果会直接影响顾客今后的购买行为。在高级宾馆的餐饮服务中，尽管顾客十分注重服务人员的服务态度、服务行为和职业道德，但餐厅的收费是否合理、菜肴和服务是否能满足顾客的需要，仍然是决定顾客

---

① 温碧燕，韩小芸，汪纯孝 . 服务公平性对顾客服务评估和行为意向的影响［J］. 北京第二外国语学院学报，2002（1）：44 – 50.

② ［美］利奥纳德·贝利 . 服务的奥秘［M］. 刘宇，译 . 北京：企业管理出版社，2001：46.

满意程度的主要因素。医疗服务程序公平固然重要，但医疗消费者往往更关心服务结果的公平，而实际上，我们目前的医疗服务消费却很难做到结果的公平。尽管服务结果公平与服务程序公平对不同经济服务过程的作用和影响不同，但二者是服务公平密不可分的两个方面，它们相互联系、相互促进，共同保障经济服务活动的顺利开展和实施。服务程序公平是为了实现服务结果公平，服务程序公平能够降低被服务者对服务结果是否公平的关注程度，使他们更能够接受服务的结果。换句话说，服务程序公平可以在很大程度上降低服务结果不公平所带来的负面影响。然而，服务程序公平并不必然导致服务结果公平，反而往往出现服务结果的差距（即结果公平之义中的不公），但服务结果的不公平又往往在客观上促进服务程序的公平。

在服务实践当中，经济服务往往很难避免服务失败。服务失败是指服务表现未达到消费者对服务的评价标准。服务失败有两种类型：结果失败和过程失败。结果失败是指消费者实际从服务中得到的需要未被满足；过程失败则指服务传递的方式未能满足消费者需求。结果失败会使消费者感觉分配不公平，如旅店由于客满而无房间满足顾客，导致顾客在物质上、实利上的交换感觉不公平，使顾客没有得到公平的可感知的服务。而过程失败会使消费者感觉程序不公平和相互对待不公平，如顾客在用餐时，服务人员态度粗鲁，导致顾客在精神上、情感上的交换感觉不公平。① 因此，在经济服务过程中，服务结果失败往往导致服务结果的不公平，而服务过程失败往往导致服务程序的不公平。经济服务失败会严重影响经济服务的顺利发展。贝利在《论卓越的服务》一书中指出，顾客往往会记住自己遭受过不公平待遇的企业。那些特别公正诚实的企业同样会给顾客留下深刻的印象。如果顾客在餐厅遭受过不公平

---

① 陈春梅，左仁淑，祝燕萍. 基于公平理论的服务失败与服务修复研究［J］. 特区经济，2004（11）：224－225.

的待遇,他们就很可能再也不会去这家餐厅就餐。此外,他们还会以自己的亲身经历劝说亲友不要到这家餐厅消费,令餐厅失去大批潜在顾客。相反,如果顾客认为餐厅的服务特别公平合理,那么他更有可能再次光临,并且向亲友推荐这家餐厅。[①] 那么,为了重建经济服务公平,经济服务主体需要采取一定的服务补救措施,而不同类型的服务失败导致不同类型的服务不公平,这也需要经济服务主体采取不同的服务补救措施,比如,消费者在经历服务过程失败而导致服务程序不公平时,经济服务提供者可以通过服务修复措施中的道歉和积极主动来向消费者表示尊重和认同,从而提高消费者的满意度。

总之,无论是服务程序公平,还是服务结果公平,都要求作为经济服务主体的个人具有良好的道德素质,而这种良好的道德素质的形成,就依赖于他们从道德方面对自己的经济服务行为进行自我控制,从而实现个人服务公平;另一方面,服务公平还要求作为经济服务主体的社会或组织在经济服务过程中,能够做到服务标准、服务决策、服务分配以及服务补救等的公平,从而实现社会服务公平。正是服务程序公平和服务结果公平共同保障和维护着经济服务活动的顺利进行。

4.3 寻求服务效益与服务公平的和谐与统一

依据对效益与公平关系的处理方法,以及对服务效益与服务公平的具体分析,我们认为,服务效益与服务公平关系的处理首先必须以最大限度地满足经济服务消费者的需要为前提。这就要求经济服务生产者努力提高服务效益,以满足消费者的需要为中心,坚持合乎人的本质需要

---

① Berry L L. On great service: a framework for action [M]. New York: Free Press, 1995: 32 – 61.

的服务效益原则。同时，由于经济服务的特殊性，经济服务是一种非实体的无形的经济过程，其无形性和不确定性使服务公平在经济服务过程中显得尤为重要。抽象而言，效益与公平本身并不是必然的矛盾对立体，效益与公平并重是社会协调发展的两大支撑点，公平应该是效益的前提，效益应该为公平的实现提供条件。但是，在经济的实现过程中，效益和公平常常因人为的原因而并不平衡。企业在经济行为中固然以效益为至上法则，社会的发展也客观上要求以效益为核心，但有时候效益却成为少数人追求极端利益和敛财的借口，公平被人为地置于第二位的考虑。效益与公平的价值悖论使经济效益的成果为少数人占有，大多数人并没有得到相应的好处，或至少没有得到公平的分配和发展机会。只有当社会中大多数人因缺少公平而对效益提出异议时，公平才暂时得以超越效益。① 作为效益与公平的特殊表现形式，服务效益与服务公平也不可避免地存在着矛盾与不平衡性，而由于二者的特殊性，这种矛盾与不平衡性在经济服务活动过程中表现得尤为突出。作为一种经济活动，经济服务的首要目的是获得效益，但作为一种伦理价值选择活动，经济服务又必须遵循一定的伦理准则和要求，而经济服务的不确定性以及经济服务评价标准的主观性使得服务公平在经济服务伦理原则和要求中显得十分重要。因此，在经济服务实践活动中，服务主体应当努力寻求服务效益与服务公平的平衡点，实现二者的和谐与统一。

依据前面对服务效益的分析，我们应当坚持一种合乎人的本质需要的服务效益原则。这种合乎人的本质需要的服务效益原则对于经济服务活动具有目的性价值，因而也构成经济服务活动的基本的伦理要求，具有深刻的伦理意义。萨缪尔森曾说：效益"是指最有效地使用社会资源以满足人类的愿望和需要"②，他在这里充分地揭示了合乎人的本质需

---

① 刘杰. 美国经济中的垄断与反垄断 [J]. 世界经济研究, 1998 (5): 50 - 54.
② [美] 保罗·萨缪尔森, 威廉·诺德豪斯. 经济学 [M].16 版. 萧琛, 等译. 北京: 华夏出版社, 1999: 2.

要的经济服务效益要求的伦理意义，即"满足人类的愿望和需要"。而满足人类的愿望和需要就是利他、为他人服务，这当然是符合人类的伦理本性的。这种合乎人的本质需要的服务效益原则之于经济服务活动有着重要意义。

其一，合乎人的本质需要的服务效益原则有利于扩大服务生产。所谓服务生产实际上就是服务产品的生产，它区别于实物生产的最显著特点就是消费者介入生产过程。服务产品的生产过程就是服务生产者与服务消费者相互交往的过程，换句话说，服务生产是建立在服务生产者与服务消费者相互交往的基础之上的。交往是人的一种本质需要，服务，从本质上说是服务主体和服务对象之间彼此交往的一种形式，是为满足人们交往的需要而存在和发展的。合乎人的本质需要的服务效益原则，显然首先支持服务生产者在考虑社会效益、生态效益的前提下取得经济效益，支持服务者在考虑经济效益获得的目的和手段的伦理正当性的前提下的谋利行为，再有，这一原则明显能满足人的交往的本质需要，因而它就成为激发服务生产者展开经济服务活动的精神动力。服务者的服务活动首先就是发展和扩大服务生产，这也是服务生产者首要的职责。服务生产者在合乎人的本质需要的服务效益原则的激发下，将其贯穿于经济服务过程之中，取得实实在在的效益，从而为满足人的本质需要服务。具体来说，在这一原则的激励和指导下，服务生产者特别是服务企业，就会精心准备服务生产，认真搞好同服务消费者之间的协作关系，妥善解决服务过程中所出现的各种矛盾和问题，就会时刻采取为消费者服务的态度，积极主动地发展同服务消费者之间的交往关系。服务生产者与服务消费者之间交往关系的不断扩大，就意味着服务生产的不断发展和扩大。随着服务生产的扩大，服务者就能获得更多的效益，从而就能更好地为满足了人的本质需要服务。

其二，合乎人的本质需要的服务效益原则有利于提高服务质量。所谓服务质量是"服务商品的效用及其对消费者需要的满足程度的综合表现"①，它包括三个方面的要素：物质要素、精神要素和时效要素。物质要素是指人们对服务质量的物质方面的要求，是处于第一位的要素。"任何一种服务商品的服务质量首先要认识自己商品的物质内容以及由此引起的服务效果。"② 精神要素是相对于物质要素而言的。由于服务过程的特殊性，即服务生产者与服务消费者往往处于同一过程之中，这就突显了二者之间是否有愉快而又和谐交往的重要性，其中，服务者的服务态度是服务质量中精神要素的决定性方面。时效要素则要求服务生产者能准确、迅速、有效地为消费者提供服务。服务质量和服务效益有着极为密切的关系，服务质量的优劣不仅关系着服务生产者的经济效益，而且关系着服务的社会效益和生态效益。优质的服务能提高服务者的经济效益，能产生良好的社会效益和生态效益。合乎人的本质需要的服务效益原则能促使服务生产者不断增加服务的物质内容，改善服务流程，端正服务态度，秉持服务责任，为消费者提供高效优质的服务。在这一原则的要求下，服务生产者应当着眼于长远的、整体的效益观念，把社会效益、生态效益的取得，把服务效益获得的目的和手段的道德合理性摆在适当的位置，以广阔的视野看待和反思自己的服务行为，充分认识和重视服务质量对服务过程的影响，不断扩大自己的社会信誉，赢得广大消费者的信任和赞誉，更好地为满足人的本质需要服务。

其三，合乎人的本质需要的服务效益原则有利于发展服务经济。服务经济是一个复杂的、内容丰富的经济领域，它是以服务业为主体的一种经济形态，其发展经历了一个曲折的过程，具有较为明显的阶段性。目前在西方发达国家服务经济正在成为主导经济，成为经济健康发展的关键与核心，服务业已成为当今世界经济一体化的重要推动力。从某种

---

① 白仲尧. 服务经济论［M］. 北京：东方出版社，1991：191.
② 白仲尧. 服务经济论［M］. 北京：东方出版社，1991：192.

意义上说，现代市场经济是一种显示"服务经济"特色的经济。随着现代市场经济的全面发展，服务经济越来越凸现，特别是在网络的推动下，服务经济更加显示出其重要的作用和快速发展的势头。服务经济的发展实际上就是经济服务化的过程。服务经济发展的内在动力首要的是社会生产和生活的需要，而社会生产和生活的需要实质上就是人本身的需要，是符合人的本质需要的。社会服务需要与社会服务供给的相互作用推动着服务经济的发展。合乎人的本质需要的服务效益原则要求服务生产者根据社会生产和生活的需要不断提高服务的管理水平，丰富和扩大服务生产，特别是不断满足大众的生活服务需要，这样就能给服务生产者和服务消费者都带来巨大的效益。在现代市场经济条件下，服务生产者则应当注重服务的科技化与信息化，而科学技术的发展能促进服务业的专门化，从而推动服务经济的发展。总之，经济服务活动必须获得效益，而合乎人的本质需要的服务效益原则才能构成判断和衡量服务好坏的标准。当今社会在科学技术，特别是网络技术的推动下，服务经济呈现出快速发展的势头，服务竞争也愈来愈激烈，这就决定了服务生产者必须注重效益。如果服务生产者不讲究效益，其服务活动便是失败。然而，服务生产者的效益观念又必须是合理的，其效益的取得必须经得起伦理道德的检验。这就要求服务者既必须注重科学的服务，又必须树立合理的效益观念。注重科学的服务是服务效益的首要规定。现代服务经济的发展趋势越来越清楚地向人们显示出，科学信息技术是提高服务效益的基本途径。在经济服务过程中，注重科学信息技术的运用，可以使经济服务生产者转变服务生产理念和服务经营理念，加大对信息服务的投入，变服务产品经营为客户服务经营，使服务活动适应社会经济的发展。科学信息技术还可以提高服务者自身的服务素质和服务技能，从而促进服务水平的提高，达到提高服务效益的目的；同时，服务者也要树立合理的效益观念。这是合理的效益观念作为经济服务的伦理要求的必要规定。这种合理的效益观念，能使服务者以开放的胸襟，着眼于人类社会的整体效益、长远效益来实现自己的经济服务目标，以良好的服务态度和责任意识为消费者提供服务。实践证明，具有这种合理的效益观念，是经济服务生存和发展的前提条件。

效益是与市场经济联系在一起的。马克思早就肯定了效益对市场经济和社会发展的巨大作用。他说："社会发展、社会享用和社会活动的全面性，都取决于时间的节省……时间的节约，以及劳动时间在不同的生产部门之间有计划的分配，在共同生产的基础上仍然是首要的经济规律。这甚至在更加高得多的程度上成为规律。"① 这里的劳动时间的节省主要是从经济效益的角度来说的，经济效益的提高，按照马克思的观点，必须做到两条：一是各个具体部门和单位的"时间的节约"；二是"劳动时间在不同的生产部门之间有计划的分配"。马克思同时又肯定了市场经济对资本主义高效益生产的巨大作用。市场经济的基本法则要求参与市场的主体是自由平等的，以等价交换为原则，这是市场经济的公平。效益还是可持续发展的效益，要求资源分配公正平等，实现人与自然的和谐。社会公平在环境上的要求是生态平衡，要求资源分配公正、平等以及对多样性的尊重，随着资本主义工业化进程的加快，人类遇到了巨大的环境危机：土地沙化、水质恶化、森林减少、动植物种群灭绝。环境危机造成土地丧失、疾病传播、居住环境恶化、人口被迫迁移，加剧了社会的不公平。为此，马克思寄希望于未来的自由王国："社会化的人，联合起来的生产者，将合理地调节他们和自然之间的物质变换……靠消耗最小的力量，在最无愧于和最适合于他们的人类本性的条件下来进行这种物质变换。"②

马克思通过对资本主义社会效益与公平矛盾的剖析，提出要建立一个生产力高度发达、个人全面而自由发展的未来社会。马克思认为未来

---

① 马克思恩格斯全集（第46卷上）［M］. 北京：人民出版社，1979：120.
② 马克思恩格斯全集（第25卷）［M］. 北京：人民出版社，1974：926－927.

社会是一个"在保证社会劳动生产力极高度发展的同时又保证人类最全面的发展的这样一种经济形态"①,"每个人的自由发展是一切人的自由发展的条件"②,"在共产主义社会高级阶段,在迫使人们奴隶般地服从分工的情形已经消失,从而脑力劳动和体力劳动的对立也随之消失之后;在劳动已经不仅仅是谋生的手段,而且本身成了生活的第一需要之后;在随着个人的全面发展,他们的生产力也增长起来……社会才能在自己的旗帜上写上:各尽所能,按需分配!"③ 马克思认为,要实现效益与公平和谐统一的未来社会,最根本的条件是社会生产的高效益,要"保证社会劳动生产力极高度发展"。"当人们还不能使自己的吃喝住穿在质和量方面得到充分供应的时候,人们就根本不能获得解放。"④ 只有生产力的充分发展、物质财富的源泉涌流,才能保证一切社会成员有充裕的物质生活。马克思认为,效益与公平和谐统一的未来社会是一个人人共享的社会。生产力的发展是为了实现个人的全面发展,社会生产的高效益是实现人人共享的手段。共享的内容是指人人享有财富、享有社会高效发展带来的社会福利。如何实现共享?马克思在分析资本主义积累的历史趋势时提出了在未来社会要重新建立个人所有制以实现社会的公正和平等。

依据马克思的分析,效益与公平实际上是生产力与生产关系的体现。效益,主要表现为生产力的提高,涉及人与自然的关系;所谓公平,归根结底是对一定生产关系的价值肯定,涉及人与人的关系。社会发展首先是生产力的发展和经济效益的提高,由此决定生产关系的演变和社会公平的实现。在生产力发展水平较低的条件下,不能超越历史阶段而盲目提高公平程度,否则会阻碍生产力的发展;反过来,当生产力

① 马克思恩格斯全集(第19卷)[M].北京:人民出版社,1963:130.
② 马克思恩格斯选集(第1卷)[M].2版.北京:人民出版社,1995:294.
③ 马克思恩格斯选集(第3卷)[M].2版.北京:人民出版社,1995:305-306.
④ 马克思格斯全集(第42卷)[M].北京:人民出版社,1979:368.

发展到一定水平，生产关系得不到及时的变革和调整，社会分配差距过大，也会阻碍生产力的发展。

在具体的经济服务实践中，由于受到经济和社会道德、服务行业风气的影响，服务公平往往难以做到。如在医疗服务实践中，没有能力支付医疗费用，你就得不到相应的医疗服务；没有良好的行业风气和职业精神，你即使付了钱，也未必能得到公正、平等的服务；如果你没有地位、没有熟人，平等相待、热情周到的医疗服务可能只是一句空话。因此，服务公平绝不是超越经济服务历史发展阶段的空洞理论或假设，服务公平的伦理结论与"应当"始终是经济服务发展的产物，也是社会文明与进步的产物。因此，服务公平往往只是经济服务主体主观努力所能达到的有限结果，而服务效益则是经济服务主体生存和发展的前提和基础。服务效益是基石，服务公平是实现服务效益的手段，服务公平的伦理目标也只能与经济服务的发展水平相适应，而不能超越经济服务发展的历史阶段。当然，服务公平作为一种伦理的"应当"，亦包含着经济服务主体的某种道德素质和价值实现，我们也不能忽视服务公平对服务效益以及经济服务的重要作用和意义。恰当的服务公平往往能够增进服务效益，能够维持经济服务消费者对经济服务过程的良好评价，从而保证持久的经济服务效益。

| 第5章 |

经济服务伦理范畴之竞争与合作

　　竞争与合作是社会经济生活中的普遍现象。所谓竞争，是指"个人（或集团或国家）间的角逐；凡两方或多方力图取得并非各方均能获得的某些东西时，就会有竞争。"① 竞争作为一个经济范畴，是近代资本主义商品生产和市场经济的产物。古典经济学派和现代经济学派对竞争概念下过很多定义，作过不同的解释，尽管有不少分歧，但都把竞争看作是市场经济的核心概念和必然产物，甚至可以说是市场经济最基本的运行机制。竞争既能推动市场经济的发展，也能在一定程度上、一定范围内引起经济和社会秩序的混乱。因此，现代市场经济的竞争，离不开相互合作。

　　所谓合作，即人们彼此之间相互协作，或共同完成某项任务。如合作生产、合作经营、互助互利。合作可以产生一种合力。通过合作或协作，不仅提高个人生产力，而且创造了一种新的生产力。"这种生产力必然是一种集体力"②。可见，合作属于生产力的范畴，没有阶级、国别之分，任何个人和组织都可以相互合作。

_____

① ［英］约翰·伊特韦尔，等. 新帕尔格雷夫经济学大辞典（第1卷）［M］. 陈岱孙，等译. 北京：经济科学出版社，1996：577.

② 马克思. 资本论（第1卷）［M］. 北京：人民出版社，2004：378.

合作是伴随着人类经济活动的始终的，但合作观念的凸现及合作的扩展则是由商品经济形态的演进而来的。由于社会分工的存在和产品属于不同的所有者，劳动产品的交换就有了必要，商品生产者在互相交换自己的产品过程中逐渐形成市场。于是这个过程就具有了双方的合意及其合作。正如马克思所说："商品所有者……必须作为有自己的意志体现在这些物中的人彼此发生关系，因此，一方只有符合另一方的意志，就是说每一方只有通过双方共同一致的意志行为，才能让渡自己的商品，占有别人的商品。"① 显然，商品经济产生和运行所依赖的条件正是不同经济主体之间合作存在发展的原因，这就揭示了合作的必然性。随着商品经济形态的演进，人们经济活动的相互依存性也日益增大，与此相对应的是社会愈加广泛、自觉的合作。总之，合作范畴产生并演进于人类生产活动尤其是交易活动的过程中，生产和交易活动过程是一个不断追求效益进而不断细化社会分工的过程，细化社会分工又使得社会经济的普遍交往成为必然和必要。于是，作为普遍交往内容及形式的一个重要方面的合作行为和合作观就建立起来并逐渐系统化。

在经济服务活动中，依靠服务来获得竞争优势已经成为一种趋势，通过服务来创造更多收益无疑是经济服务领域最行之有效的方法。经济服务生产者的责任就是要尽最大可能为消费者提供优质的服务，更好地了解消费者的需求，及时有效地帮助他们解决实际问题，以获得消费者的认同，从而赢得竞争。在经济服务中，服务竞争成为经济服务发展不可忽视的动因，而服务的保持、改进和创新则是服务企业有效参与竞争不可或缺的基石。

从服务经济发展和创新的角度来看，经济服务过程中的合作表现在如下两个方面：首先就是经济服务生产者和经济服务消费者之间的合作。在经济服务活动过程中，经济服务消费者和经济服务生产者一样都

---

① 马克思恩格斯全集（第23卷）[M]. 北京：人民出版社，1972：102.

是服务设计的工程师，因为服务的全过程都有服务对象的参与，这意味着比起实物产品的生产，消费者对于服务的生产和制造起着更加积极主动的作用。作为经济服务的合作制造者，消费者是新的服务内容和服务创新的内在动力。其次是经济服务生产者特别是服务企业之间的合作。这种合作是竞争的合作，也是整个社会经济服务走向卓越的必要条件。

5.1　竞争与合作的伦理意义

5.1.1　竞争的伦理意义

竞争，作为一种动力机制，在自然界、人类社会、人的思维中，都具有普遍意义。在一定的意义上可以说，如果没有竞争，自然界、人类社会和人的思维，都将变成死水一潭。在社会的经济生活中更是如此。正常的竞争能够激发人的积极性和创造性。市场经济之所以符合现代社会发展的客观要求，或者说它的优越性，正是由于它能充分发挥竞争机制的作用，使社会充满生机和活力。"竞争在市场经济中有着极为重要的作用，竞争作为经济范畴是市场经济运行的机制或规律的外在表现，本身不存在是否符合道德的问题，在这个意义上是价值中立的"①，但是，"因为竞争实质上是市场经济中的利益分配机制和准则，它以信息系统和激励系统相结合的方式来实现，这种方式是不以人的意志为转移的方式。这种利益分配机制和准则决定价值判断和道德评价"②，因此，竞争的最基本的道德意义在于，竞争使资本的利益分配达到平均化，是市场经济中利益分配的杠杆，它"从道德上规范经济活动，使经济活动

---

①②　章海山．论作为经济伦理的竞争范畴［J］．学海，2001（1）：171－175．

符合市场的内在运行规律，也就是从伦理上制约经济活动"①。具体说来，竞争的伦理意义和价值体现在如下几个方面：

首先，竞争有助于实现人的全面发展。竞争本身就是人类求生存、求发展的一种表现，是人的本质力量的充分展示，是人的创造力的勃发。因为竞争主体为了在竞争中占据优势，必然会充分地调动自己各方面的素质，激发自己各方面的潜能，发挥自己所能发挥出来的能力，并不断培养和提高自身新的能力，以投身于竞争洪流。正如美国伦理学家诺兰（Richard T. Nolan）所说："没有不断的竞争威胁，生产者就会故步自封，其商品就会以次充好，他们也就再也无降低商品价格的积极性。……竞争可以刺激道德的敏感性。"② 他引用爱德华·诺曼（Edward Norman）的话进一步谈到，竞争 "是对道德自我意识的一种强烈刺激。它鼓励而不是阻止个人对其行为负责，培养一种切实可行的责任体系，并给人强加一种道德责任感，以作为维持生活标准的一种条件"③。所以，竞争促进着人的创造性人格的养成，有利于人的全面发展，无疑具有深刻的伦理意义和价值。

其次，竞争有利于促进社会进步。竞争促进经济繁荣，丰富人们的物质文化生活，从而促进社会进步，这是竞争体现的发展精神，符合经济伦理的发展目标。市场经济是促进社会进步的重要手段，但市场经济不能没有竞争，因此，竞争是促进社会进步的重要方式。"市场竞争的特点是优胜劣汰，以此作为社会资源的优化分配，这有着促进企业创新、利益广大消费者、促进市场经济繁荣和发展的合理性意义，从这个意义上而言的竞争可以说是良性的竞争。"④ 尽管竞争有许多负面效应，但竞争是社会进步不可缺少的。正如既是经济学家、又是伦理学家的英

---

① 章海山. 论作为经济伦理的竞争范畴 [J]. 学海，2001（1）：171-175.

②③ [美] 诺兰，等. 伦理学与现实生活 [M]. 姚新中，等译. 北京：华夏出版社，1988：328.

④ 毛世英. 企业服务哲学 [M]. 北京：清华大学出版社，2004：133.

国学者约翰·穆勒（John Mill）所说："竞争也许并不是可以想象的最好的刺激物，但它目前却是不可少的刺激物，而且谁也说不出什么时候进步不再需要竞争。"①

最后，竞争体现着平等、公平的伦理精神。公正、有序的市场竞争以双方地位和资格的平等，交易的等价为前提，市场"游戏规则"对任何竞争主体的约束和保护都是同等有效的。竞争"要求参与者必须遵守基于市场规律的一定的游戏规则，包括一定的行业自律规则和职业道德，进行正当的、公平的竞争，不能利用其他非正当的手段来参与竞争；不遵守规则者，就不具备参与市场竞争的资格，会被扫地出局"②。同时，由于竞争是在平等的市场主体之间展开的，它为竞争者提供同等的条件和机会，因而它又体现着一种经济伦理上的公平。其结果因竞争主体的技术水平、经验技能、能力素质和管理的程度而出现差距，这也是一种有差异的公平。因为竞争让优胜者和失败者分别得其应得，这对于他们自身来说是公平，对于整个系统来说，则类似着一种耗散结构的平衡与和谐。

当然，随着市场经济的不断发展和完善，以及知识经济、网络经济的迅速崛起，竞争的内容和形式也在发生变化，我们对竞争的道德意义也应当有新的认识。在新的经济条件下，传统的以成本为基础、以价格为手段的价格竞争已经失去了往日的魅力。价格竞争虽然诱惑无比但却空间有限。例如，盗版软件的市场竞争力十分明显，然而，盗版属于非法行为，将受到知识产权保护法的制裁；商场特价销售策略无疑能创下良好的销售业绩，但它却受到进销差价幅度的制约；彩电、空调等家用电器产品价格大战的结果是没有赢家。总之，恶性价格竞争的负面影响已经非常突出，可以说是到了山穷水尽的地步。此中原因就像贝利所

① ［英］约翰·穆勒. 政治经济学原理及其在社会哲学上的若干应用（下卷）［M］. 胡企林，朱泱，译. 北京：商务印书馆，1991：363.
② 毛世英. 企业服务哲学［M］. 北京：清华大学出版社，2004：133.

说："硬件上的相差无几促使相互竞争的服务企业的管理人员滥用价格手段作为拓展市场的工具。虽然一条裤子的肥瘦及穿着的感受和一辆汽车的款式等这些非价格因素会影响顾客的忠诚度，但对于服务来说，不像实物商品那样能令人感受到直观上的区别；因此这些服务业管理人员觉得自己在竞争中局限于非物质的手段。于是他们通常选择降价。尽管经营者也确实希望以高质量而不是低价格与他人竞争，不过他们还是偏爱降价，因为对于目标市场来说，降价见效快而且成效更显著。但他们忽视了降价在导致成本降低同时也会削弱服务价值。"① 那么，要走出价格竞争的困境，必须重新对竞争的内涵进行定位。在市场经济中，竞争不单纯是价格的竞争，更重要的是非价格的服务竞争。所谓服务竞争是指以服务为内容和手段的市场竞争，具体来讲是指"通过提供活动形式，增加服务项目，提高服务质量来扩大销售和劳务的竞赛比较活动"②。服务竞争同样内涵着竞争的道德意义，并且表现出更加突出的伦理价值。

5.1.2　合作的伦理意义

合作原本就是一个极具伦理韵味的范畴，甚至可以说，合作本身就是一种伦理。因为从起源来看，伦理是人与人之间互动而形成的习俗，是人们之间相互博弈与合作的结果，合作与互惠是伦理生命力的源泉。从博弈的角度看，人类文明就是人们长期互动直至形成"合作能增加利益"的经验的产物。然而，我们不能由此就简单地将达尔文的"弱肉强食"的"丛林"法则从自然界搬到人类社会。因为文明考虑的是人类长期的、整体的利益，这也正是伦理所要考虑的核心问题。具体说

---

① ［美］利奥纳德·贝利. 服务的奥秘［M］. 刘宇，译. 北京：企业管理出版社，2001：16.

② 刘光明. 论市场经济中的公共关系和伦理道德问题［J］. 山西师大学报（社会科学版），1999（1）：16-21.

来，合作的伦理意义主要体现在如下两个方面：

第一，合作能够增进市场效益。从关于"囚徒困境"的众多理论和试验研究中，我们可以得到许多关于合作对市场效益增进的启示。①"囚徒困境"理论揭示，具有个体行为理性的当事人双方的唯一目标都是要实现自身的最大利益，但是在选择对策时每一方都不能仅仅依赖自己的选择而忽视对方的选择。由于当事人之间存在着相互制约的关系，因此，任一当事人撇开对方而以自己的最大利益为目标去行事时，结果常常是不能如愿。反之，"如果每个人都采取不同于占优策略的策略（更合作的策略），他们的目标反而能够得到更大的满足"②。有效的合作能够维护市场经济秩序，使市场经济运行的总体效益得到提高。首先，合作能够节约交易费用，降低成本。合作机制的建立减少了与不确定对象的谈判和博弈费用，以及由于环境不确定性和竞争造成的防范费用，节约了成本。如企业通过纵向一体化，把外部竞争或外部合作变成内部合作，将市场契约关系变成内部行政协调，从而节约交易费用。其次，合作能够提高创造能力。当代社会发展的技术性增强，需要合作起来的人们来共同解决面对的难题，如尖端技术往往需要集体合作才能完成，一个目标市场需集体去开拓才能创造出现实市场，个人或组织的某项宏大目标往往需要团队精神才能实现。最后，合作能够避免单独行动造成的损失。不合作不仅不能获得合作的好处，而且可能失去自己应有的利益。一是因为社会合作的层次越高，规模越大，创造的价值就越多，自己也才能获得更多利益。二是因为合作中的人们与孤立的人们具有互动关系，在生产和消费资源有限的情况下，双方的利益矛盾和冲突在所难免，在这种冲突中，自我封闭的游离于合作之外的孤立个人或组织由于个体力量的孤单性，越来越成为弱势群体，被合作起来的优势群

---

① 夏若江. 社会道德与合作性预期 [J]. 江汉论坛，2001（11）：13–16.

② ［印度］阿马蒂亚·森. 伦理学与经济学 [M]. 王宇，等译. 北京：商务印书馆，2000：83.

体边缘化，失去平等参加"游戏规则"的权力甚至可能被挤出"游戏场"，自身利益遭到侵蚀或忽视。所以，只有合作增强自身力量，才能有效保持自身利益。①

第二，合作能够促进人的全面发展。人的生存与发展需要合作，合作能够促进经济、政治、文化的发展。更重要的是合作能够促进人的全面发展。人是社会的主体，只有人发展了，才能推动社会各项事业的发展。合作对于人的全面发展的意义表现在如下四个方面②：其一，合作能克服个人实践的有限性，促进人的全面发展。人的全面发展是建立在人的社会实践的基础上的，实践首先是个人的实践。但是个人由于受到时间、空间及实践条件的限制，其实践活动的范围、深度等都是有限的，经常达不到自己的目的。为此，个人必须与他人合作，否则就无法更好地生存。通过合作，人们可以相互交流其个体实践的经验教训，丰富个人的知识、经验；可以相互取长补短，弥补个人经验能力的不足。因此，合作能够克服个人实践的有限性，促进人的全面发展。其二，合作能克服个人能力的有限性，促进人的全面发展。个人能力是在个人实践的基础上发展起来的。由于个人实践的有限性，使得个人的能力也具有有限性。反之，个人能力的有限性，也影响了个人实践的发展，进而阻碍了个人的全面发展。因此，要克服个人能力的有限性，就必须拓宽个人实践的时间、空间领域。这就需要加强个人之间的合作。在合作过程中，人们相互吸取他人的优点，学习他人的特长，改进彼此间存在的不足，从而达到共同进步、共同发展，共同克服个人能力的有限性，从而促进人的全面发展。其三，合作能克服个人思维的有限性，促进人的全面发展。人与动物的根本区别就在于人有意识、有思想。而人的意识、思想的形成与人与人之间的合作是密不可分的。因为，人从来就是

---

① 苏永乐. 刍议合作的利益与条件 [J]. 商业时代，2004 (26)：6 - 8.
② 林海. 合作与人的全面发展 [J]. 玉溪师范学院学报，2003 (8)：20 - 23.

群居性动物;人的本质"是一切社会关系的总和"。人如果脱离人类社会而存在,那他就不是完整意义上的人,他与其他动物就没有本质的区别。由于个人实践的有限性,使个人的思维也必然带有有限性。意识、思想没有深度、广度,是思维有限性的表现。而要克服个人思维的有限性,就必须进行合作。合作不但能够扩大个人的实践范围、深度,而且能够克服个人思维的有限性。另外,合作还能够使人们的思维相互激励,取长补短,产生"整体大于部分之和"的结果。总之,合作能克服个人思维的有限性,促进人的全面发展。其四,合作能克服个人发展环境的有限性,促进人的全面发展。人的发展离不开环境。一方面,人能够改造环境,使环境适合人的需要;另一方面,环境也能够改造人,使人的生理、心理结构发生变化。人与环境是相互影响、相互作用、相互制约的。因此,人要全面发展,就需要有一个良好的发展环境。然而,作为每一个具体的人,他们所面临的发展环境都是极其有限的。要改善个人的发展环境,就必须广泛地进行合作,吸收人类的一切优秀文化成果,创造条件,建设有利于个人发展的环境。

此外,合作还能增强市场信誉度、弘扬敬业精神、增进精神性的收益等等。总之,合作是关于经济行为主体从事主体性经济活动的总体性的价值要求,它包含着对具有普遍性的社会伦理的遵循,例如蕴涵于其中的互助互惠、遵法守规、自愿平等、公平诚信等伦理要素。然而,它又具有不同于一般社会伦理规范的特点,主要体现在合作行为是为了获取回报而进行的合意的互利性活动,其实质是权利和义务的对等交换。合作既有实用的功利价值又有深刻的伦理价值,前者意味着它能满足人们在经济活动中正当追求利益的需要,后者则意味着它能引导人们合宜适度地调节相互关系,从而有助于经济行为系统的稳定与整合。①

① 吴海. 论作为经济伦理的合作范畴 [J]. 学海, 2001 (5): 32-35.

5.2　服务竞争：一种伦理的竞争形式

　　根据竞争的内容或形式的不同，在市场经济中，竞争可以分为价格竞争和非价格竞争。长期以来，价格竞争是市场主体最基本，也是最普遍运用的竞争手段。然而，随着市场竞争的激化，价格竞争的空间越来越小，非价格竞争的比重越来越大。在非价格竞争中，产品质量的竞争是经济主体的首选，可是，随着科学技术的进步，生产技术的普及速度加快，产品匀质化现象越来越明显，这样，把原来产品整体概念中的附加产品层次——服务，作为非价格竞争的一个独立要素予以重新定位就成为经济主体取得竞争优势的一个重要途径。美国福鲁姆咨询公司一项调查报告中的数据显示，在顾客购买产品从某一企业转向另一同类企业的原因中，70% 是因为服务问题，而不是产品质量或价格问题。[①] 服务已经成为经济主体实施差别化战略，创建比较竞争优势的一个重要砝码。竞争的演变促使经济服务生产者不断地开发新的服务项目，如推出个性化体验的服务项目、为消费者提供可感知的价值等等，并将其融入组织的价值观中，成为组织竞争优势的核心内容。在经济服务活动中，服务竞争能够提高消费者对产品和服务的满意程度，从而使服务主体获得更大的经济效益和社会效益；同时，服务竞争还要求服务者具有超越自身利益的使命和目的，是一种富含伦理意蕴的竞争形式，是推动经济服务发展的强大动力。

5.2.1　服务竞争的伦理机制

　　作为一种伦理的竞争形式，服务竞争本身内涵着伦理的要求与机

---

　　① 王方华，等. 服务营销［M］. 太原：山西经济出版社，1998：13.

制，服务竞争的伦理机制是经济服务运行与发展的重要保障。在经济服务领域，组织的竞争就经历了一个从产品价值竞争到服务价值竞争再到服务伦理文化竞争的过程，正是这些创新的服务项目和服务方法为经济服务的发展提供了有效的服务动力。经济服务运行机制的实现离不开市场和市场服务竞争，建立和保持服务优势亦需要稳定的服务市场作为基础。经济服务生产者往往通过努力开发和创建服务伦理文化、锁定和关注自己的服务市场以及构建和完善服务体系来创造服务竞争优势。

1. 诚信、公平的服务竞争环境。服务竞争具有一个良好的环境极为重要，服务竞争环境是指市场的经济服务运行机制，包括经济的制度和法律以及非经济的人文道德因素。现代市场经济的发展趋势是作为非经济的人文道德因素越来越渗透到经济活动的各个领域之中，而且影响越来越大。在经济服务活动中，诚信、公平的竞争环境是基本的伦理机制，诚信和公平是经济主体营造良好的服务竞争环境中的重要道德因素。

一方面，在现代市场经济中，诚信有着极为深刻的含义和重要作用，它是市场交换的基本道德规范，是确保市场经济正常运行的伦理基础。而在经济服务过程中，诚信的地位和作用则尤为明显，它是经济服务主体开展服务活动的基本理念和行为原则，是经济服务主体必须遵守的根本性道德规范。经济服务本身应当就是一个遵守信用和履行承诺的过程，而诚信则是经济服务主体必备的美德，是服务竞争环境的最基本的道德要求，可以说，没有诚信的服务不能称之为服务，而没有诚信的服务竞争则必然是恶劣的、不择手段的和破坏性的。在市场服务竞争的过程中，一些经济主体只要有可能，就决不放过坑害竞争对手的机会，这其实是目光短浅的表现，这样的经济主体绝对不会有长远的发展。因此，经济服务主体只有树立诚信竞争的服务道德观，才能拥有良好的生存空间，才会拥有长足发展的生长土壤。

另一方面，市场竞争要求经济主体必须遵守基于市场规律的一定的游戏规则，进行正当的、公平的竞争，不得利用其他非正当的手段来参与竞争。现代市场经济竞争已经越来越趋向于服务上的竞争，主要体现在谁能够提供更为优质的服务。然而，在现实的经济活动中，由于一些经济主体受到自私的利益动机的驱使，市场服务竞争中经常出现不正当竞争、不公平竞争，甚至非法的恶性竞争。因此，市场主体还应当营造一种公平竞争的服务环境。所谓"公平竞争"，就是经济主体应在合法经营的前提下，遵守法律规定的和道德制约的共同游戏规则。公平是服务竞争的核心道德规范，也是服务竞争环境的一个重要方面。这一道德要求主要包括以下几个方面：尊重对手；适度竞争；不自夸、不诋毁；不嫉妒、不歧视；不幸灾乐祸。① 总之，经济主体在服务竞争方面所参与的公平的、正当的竞争，应当是一种人道主义的、相互促进的竞争，它应当能够增强经济主体的道德意识，促进市场文明。诚信、公平的服务竞争环境是经济服务发展的可靠保证。

2. 服务竞争的核心是为消费者谋利益。服务是经济主体获得利益的手段，竞争亦是经济主体赢得利润的工具。经济主体为了生存，为了获取自身的利润，为了各自的利益展开竞争，这是十分正常的现象。但是，采取何种方式，通过什么途径在竞争中站稳脚跟，这就需要法律的制约和伦理的规范。从国内外众多的服务性企业的历史和现状来看，服务竞争的伦理核心应当是为消费者谋利益。以满足、维护消费者利益作为伦理核心，即无论是生产服务、流通服务还是消费服务，无论是服务的管理还是服务的创新，都应当从消费者的需要和利益出发，让消费者的生存、发展和享受得到充分的满足。"只有消费者才能引导企业开辟新领域，从而为消费者创造新的价值。"② 因此，在服务竞争中，应当时刻想到为消费者谋利益。例如，一个企业，在售前服务竞争中，首先

① 毛世英. 企业服务哲学 [M]. 北京：清华大学出版社，2004：134 - 136.
② [美]利奥纳德·贝利. 服务的奥秘 [M]. 刘宇，译. 北京：企业管理出版社，2001：101.

应选择合理地点，方便顾客。"不务天时则财不生，不务地理则仓不盈"。有眼光的经营者应当把选择好地段作为兴业的第一步。其次是创造良好的环境吸引顾客。人们购买物品，往往事先没有充分的计划、准备，只是由于广告、陈列样品、优美的环境刺激了顾客的购买心理。如果商品没有良好的购物环境，顾客就会摇头止步，不屑一顾。再次，增强透明度，招徕顾客。一个新企业开张，总是要千方百计地让广大消费者知道它的存在，了解他们的商品，熟悉他们的经营项目；一个老企业每天开门也总是设法让更多的顾客光临，应让大家了解企业的动向，商品信息，及时介绍新商品，醒目地公告服务时间和服务项目。在售中服务时，应当做到大件送货上门，服务上门，尽量方便顾客。而售后服务应当做到热情接待顾客投诉，及时答复顾客的投诉信，设立电话投诉。有时由于种种原因，卖出的商品出了质量问题，就应当实行保修、保换、保退；不能采取"货物出门，概不负责"的态度。[1] 总之，只有赢得消费者的信赖，才能赢得利益。服务竞争的伦理制约放在是否符合消费者利益之上，使得竞争有了一个共同的目的或者说共同的标准，而这种竞争也必然是良性的，是符合经济服务发展方向的。这种伦理机制已为国内外很多企业的实践所证实。美国的福特公司曾宣布要制造每个美国家庭都买得起的汽车，而且基本做到了。已去世的松下公司总裁松下幸之助也说过，他创办的企业要造福于人类，等等。中国不少著名企业和企业家也都说过要把消费者的利益放在第一位。国内外这些企业不仅造福了消费者，满足了消费者不断增长的需要，而且企业本身也大大赢利。[2] 由此看来，为消费者谋利益应当是服务竞争的核心，也是经济服务发展的一个目标和导向。

---

[1] 刘光明. 论市场经济中的公共关系和伦理道德问题 [J]. 山西师大学报（社会科学版），1999（1）：16-21.

[2] 章海山. 企业竞争伦理机制的探析 [J]. 中山大学学报（社会科学版），2001（2）：1-7.

5.2.2 服务竞争是经济服务发展的动力

在国外，服务的竞争优势已经成为理论界和企业界的共识。北欧著名服务市场营销学家克里斯蒂·格鲁诺斯（Christian Gronroos）教授指出：西方大部分国家已经进入了或正准备进入服务经济或服务社会。服务在许多方面已经成为财富的主要来源。随着服务行业的不断发展，无论是服务行业所创造的财富在 GNP 中所占的百分比，还是它所提供的就业机会，都在持续地增长。不仅如此，从微观上讲，服务的重要性已经远远超过了服务部门的范畴。对于制造商而言，服务及与顾客关系中的服务因素正在成为创造企业竞争优势的主要途径，商品的品质在竞争者之间已极为相似，如果企业要避免两败俱伤的价格竞争，它就要用其他形式向顾客提供商品和附加价格。送账单、顾客培训、处理顾客投诉、送货上门等附加服务可以成为一家企业区别他人的非价格竞争形式。这种类型的"隐含服务"为企业家提供了通向成功的机会。[①] 因此，在经济服务活动过程中，服务主体应当充分重视服务竞争的作用，切实加强经济服务竞争的力度。正如贝利所说："为愈演愈烈的竞争做准备需要的是加强服务力度，而不是削弱它。市场上的价格竞争越激烈，服务企业要想获取成功其服务质量就越重要。为什么呢？因为一个企业如果没有与众不同的质量，如果不能给顾客提供优良的整体感受，那么当其主要竞争者降价时，它很少有——如果有的话——除降价以外的其他选择。"[②] 具体说来，服务竞争在经济服务发展中的地位和作用主要体现在如下三个方面：

其一，服务竞争是经济服务发展的必要条件。经济服务的发展首先

---

① ［芬兰］克里斯蒂·格鲁诺斯.服务市场营销管理［M］.吴晓云，等译.上海：复旦大学出版社，1998：前言.
② ［美］利奥纳德·贝利.服务的奥秘［M］.刘宇，译.北京：企业管理出版社，2001：17.

必须使经济主体不断提高服务效益，而服务竞争则能够促进经济服务主体的效益特别是经济效益的提高，从而推动经济服务的发展。经济服务主体要生存发展就必须提高服务效益，必须有利润推动，而利润和效益的源泉是有潜在的服务消费者，消费者对服务的认可和选择直接关系到服务价值的实现。因此，在服务竞争中，经济主体必须通过尽心尽力的完美服务增加新的服务消费者，同时更重要的是要留住老顾客，并通过老顾客对服务产品的口碑派生出新的顾客，以此实现服务市场份额的长期巩固和扩张，最终享有长盛不衰的利润和效益之源。总之，优良服务与效益成正比关系，经济主体服务能力越强，为顾客提供的服务越多越好，顾客对服务产品的需求越强，服务主体越能占领市场，就越能促进经济服务的良性发展，而经济服务的这种良性发展必须通过良性的服务竞争。这种良性的服务竞争，"突出体现在各个企业在客户服务的理念、方式、手段创新等方面的竞争，体现在谁能够为客户提供更为优质、满意甚至超值的服务上"①，它是经济服务发展和完善的必要条件。

其二，服务竞争是推动经济服务发展的必要手段。服务已经成为现代经济中一个至关重要的竞争手段，而且它提供了形成巨大竞争优势的潜力。在世界上竞争模仿日益增加的今天，服务是产生差异性的主要手段，每个经济主体，特别是企业，不管在今天的定义中是否是服务企业，都不得不学会适应新形式的服务竞争。制造企业也正努力注视着服务企业以获取新的观念。在经济服务发展过程中，服务竞争是推动经济服务发展的必要手段。服务竞争在生产服务、流通服务和消费服务等各个方面都发挥着重要作用，并渗透在从服务开发到服务消费完成的全过程，服务企业的成长和发展离不开服务竞争。王永庆卖米的故事就对服务竞争做了极好的诠释。我国台湾著名企业家、台塑创始人王永庆 16

---

① 毛世英. 企业服务哲学 [M]. 北京：清华大学出版社，2004：133.

岁时开始经营一家米店。为了和其他米店竞争，王永庆颇费了一番心思。那时稻谷加工非常粗糙，出售的大米里混杂着糠谷、沙粒，买卖双方都是见怪不怪。王永庆则多了一个心眼，每次卖米前都把米中的杂物拣干净，这一额外的服务深受顾客欢迎。王永庆卖米是送货上门，他在一个本子上详细记录了顾客家有多少人、每人饭量如何、何时发薪等。算算顾客的米该吃完了，就送米上门；等到顾客发薪的日子，再上门收取米款。他给顾客送米时，并非送到就算，还要帮人家将米倒进米缸里。如果米缸里还有米，他就将旧米倒出来，将米缸刷干净后，将新米倒进去，再将旧米放在上层。这样，米就不至于因陈放过久而变质。他这个小小的举动令不少顾客深受感动，铁了心专买他的米。就这样，他的生意越来越好。从这家米店起步，王永庆最终成为今日台湾工业界的"龙头老大"。① 实际上，王永庆是通过在服务过程中不断增加服务项目、改变服务手段、提高服务质量等方式来提升服务竞争的优势，获得事业的成功。这种服务竞争内涵着渗透于整个服务活动过程中的人性化服务意识，从而推动着经济服务的发展。

其三，服务竞争是经济服务走向卓越的桥梁。服务竞争是现代市场经济的一种崭新的竞争形式，有别于技术竞争、管理竞争、产品质量竞争、价格竞争、广告竞争、促销竞争等，它是经济主体为满足顾客需要、提高顾客对产品的满意程度而进行的市场竞争。实践证明，服务竞争是经济主体制胜的法宝，同时，它还是经济服务活动的一项重要的伦理原则。因为服务竞争体现着以"市场需求"为导向的经营理念和发展战略，体现着经济主体的"诚信""人性"和市场经济伦理道德，体现着主体赢利和服务顾客的双重目标。服务竞争是以提高顾客对产品满意程度为目的的市场竞争，服务竞争的实质是服务理念

---

① 李石华，胡卫红. 来自财富巅峰的声音——经营论语 [M]. 北京：世界图书出版公司，2003：3-4.

的竞争，是以服务顾客为导向的服务文化的集中反映。"要提高顾客对产品的满意程度就意味着一切要从顾客的需要出发，即从产品的设计、制造、销售到使用的全过程中无条件地满足顾客的消费需求：既要把消费者想到的想到做到，又要把消费者未想到的想到做到；既要考虑到消费者现在的利益，又要考虑到消费者的未来利益。服务竞争的充分开展，一是要有超过顾客期望的超值服务，二是要有满足顾客未来需求的服务意识和准备。因此，服务竞争是无条件、无止境的，是永恒的。"① 服务竞争使经济服务活动永远充满着活力，充满着走向卓越的动力。蕴含深刻道德意义的服务竞争是一种可靠的竞争形式，通过服务竞争建立起来的竞争优势是一种可持续的竞争优势。这种具有伦理底蕴的竞争优势是经济主体在竞争中长期积累和创造的，相比品种、质量、成本等其他优势，它不会因市场的变化或技术的突破而不复存在，而是愈悠久愈能体现它的价值。可见，服务竞争能够建立起一种具有深刻道德蕴涵的竞争优势，这种竞争优势有着强大的生命力，它是经济服务走向卓越的桥梁。

总之，服务竞争在经济服务发展过程中占有重要的地位，发挥着重要的作用，是推动经济服务发展的强大动力。良性的服务竞争能够增加经济主体的经济服务效益，能够极大地增强经济主体为消费者服务的意识，并能够促使经济主体在服务竞争中不断超越自我，走向卓越的境界。正如贝利所指出的：优秀的服务企业"都面临着激烈的竞争，不过归根到底，它们最强大的竞争对手是它们自己。它们总努力寻求超越自我，努力将服务提高到更高层次，努力把梦想变为现实"②。

---

① 桑晓靖. 论企业的服务竞争 [J]. 经济论坛，2004（5）：68 - 69.
② [美] 利奥纳德·贝利. 服务的奥秘 [M]. 刘宇，译. 北京：企业管理出版社，2001：159.

5.3 寻求合作：服务竞争的伦理方向

竞争并不仅仅意味着"争夺"和"对抗"，它还有"合作"的一面。竞争与合作构成一种互为条件、相得益彰的关系，没有竞争，合作会失去活力而变成没有个性特色的铁板一块、千篇一律；没有合作，竞争就会变成没有章法和秩序的社会达尔文主义的单纯对抗和人我倾轧、较量、争夺、残杀。因此，竞争与合作之间形成一种相互需要的内在张力，推动市场经济的发展与演变。竞争主体只有既有竞争意识，又有合作精神，将竞争与合作有机统一起来，才能形成人我两利即双赢的圆满结局，否则，如果互不信任，只顾自己的利益算盘，那么，竞争双方都会陷入相互算计的冰水之中，不仅亏了别人，也亏了自己。这一点已为新制度经济学的"囚徒悖论"所充分证明。因此，寻求合作就成为竞争的伦理目标和方向，而经济服务竞争也就应当以寻求合作为伦理方向。

合作是经济主体开展服务活动的一种方式，也是经济服务活动内在的一种伦理要求。随着经济服务的发展和深化，这种内在的伦理要求也逐渐外化，寻求合作逐渐成为服务竞争发展的伦理方向。从经济伦理的角度看，合作可以视为"调节经济主体之间的利益关系诸要素的集合"①。其一，合作是一种以自利为基础、利他为手段的互利交换行为。在市场交换中，"每个人为另一个人服务，目的是为自己服务；每一个人都把另一个人当作自己的手段互相利用"②，马克思认为，经济主体之间的这种相互关联性正是市场交换的前提。合作也就是建立在这样一

---

① 吴海.论作为经济伦理的合作范畴［J］.学海，2001（5）：32－35.
② 马克思恩格斯全集（第30卷）［M］.2版.北京：人民出版社，1995：198.

种目的与手段辩证统一的互利的交换行为基础之上的。其二，合作又是一种建立在平等、自愿和自由基础上的交往形式。在商品经济条件下，经济主体之间的合作是一种人格独立的平等交往形式。正如马克思所指出的：“尽管个人 A 需要个人 B 的商品，但他并不是用暴力去占有这个商品，反过来也一样，相反地他们互相承认对方是所有者，是把自己的意志渗透到商品中去的人格。因此，在这里第一次出现了人格这一法的因素以及其中包含的自由的因素。谁都不用暴力占有他人的财产。每个人都是自愿地转让财产。”① 在市场交换过程中，“每一个主体都是交换者，也就是说，每一个主体和另一个主体发生的社会关系就是后者和前者发生的社会关系。因此，作为交换的主体，他们的关系是平等的关系”②，交换主体之间是相互补充，相互需要，并且通过交换实现这种相互的依存的，“于是他们彼此不仅处在平等的关系中，而且也处在社会的关系中”③。经济主体之间的这种平等关系是在市场交换产生的特定的社会关系的不断丰富中发展起来的，而这种平等关系就使交换主体之间的合作成为可能。经济服务就是一个蕴含着平等、自愿的等价交换过程，这种平等、自愿的交换关系是经济服务主体之间合作的前提和基础。其三，合作是经济主体在竞争中逐步妥协的结果。在服务竞争过程中，经济主体一方面力图追求自身利益的最大化，另一方面又不得不共同遵循一定的游戏规则，这些游戏规则是竞争有序化的保障，它使经济主体在竞争中逐步趋向合作。因此，合作是经济服务主体之间相互博弈的结果，是服务竞争的必然趋向。正如美国著名领导学权威斯蒂芬·柯维（Stephen R. Covey）所认为的，双赢是合作活动中的最佳策略，“从长远来看，如果双方不能都赢，就会都输。这就是为什么在相互依赖的

---

① 马克思恩格斯全集（第 30 卷）[M]. 2 版. 北京：人民出版社，1995：198.
② 马克思恩格斯全集（第 30 卷）[M]. 2 版. 北京：人民出版社，1995：195.
③ 马克思恩格斯全集（第 30 卷）[M]. 2 版. 北京：人民出版社，1995：197.

状态中双赢是唯一正确选择的理由"①。老子也指出："既以为人己愈有，既以与人己愈多。"②

我们从服务竞争的特征来看，服务竞争是以服务为内容的竞争方式，它不同于价格竞争、技术竞争、质量竞争等其他竞争形式，服务竞争本身就蕴含着经济主体之间相互合作的因素，这种合作不仅包括服务竞争者之间的合作，还包括服务生产者与服务消费者之间的合作。在服务竞争中，服务生产者与服务消费者接触的机会明显多于其他竞争形式，而人的行为永无最好的标准，因此，只要勤于挖掘人的潜力，不断开拓服务意识与合作精神，服务质量总会日臻完善；同时，经济服务活动既有凝聚一定技术含量的实质性服务，如维修、安装、现场演示等，而更多的则是服务者与被服务者之间的情感交流和信息沟通，如"微笑"就是一个人人都能提供的服务形式。③ 因此，相对于其他竞争形式，服务竞争更容易趋向于经济主体之间的合作，更容易使经济主体之间达成一致，并且获得消费者的普遍认同。

那么，经济服务主体如何在竞争中寻求合作呢？第一，增加竞争双方未来的相互影响。如果未来相对于现在显得足够重要时，竞争双方之间的合作将会逐渐趋于稳定。双方未来影响的增大取决于交往双方相互接触和作用的持久与频繁。在经济服务活动中，一方面，处于竞争地位的经济服务生产者之间如果能够发现双方未来的共同利益所在，并且这种未来的共同利益显得比现在双方的利益更加重要时，竞争双方之间的合作将会形成并趋于稳定。在这种预期利益的驱动下，竞争双方无疑会有意识地增加双方的交往与接触，以期获得更大的利益。随着交往双方

① Covey S R. The seven habits of highly effective people [M]. New York：Simon and Schuster, 1989：212.

② ［春秋］老子. 道德经（八十一章）[M]. 苏南，注评. 南京：江苏古籍出版社, 2001：219.

③ 孟慧霞. 论研究产品附加服务竞争优势的现实意义 [J]. 生产力研究，2002（4）：55－57.

相互接触和作用的持久与频繁，稳定的合作就成为必然的趋势。另一方面，在经济服务活动过程中，经济服务生产者与经济服务消费者之间因为经济服务关系而需要相互接触，随着这种相互接触的增多，服务者就有可能创建一种积极的顾客服务文化，并且有一个清晰明确的、始终关注的顾客群，这种对自己客户群的关注又会随着交往和接触的加强而转化为连续的、后继的各种组织服务活动，服务者依此而创造出相应的服务体系，以便为顾客提供其所需的、针对各种问题而专门设计的解决方案。服务生产者和服务消费者对这种服务文化的感受和体验是一致的，因为他们共同创造了顾客服务文化。为了体现这种以顾客为核心的服务文化，经济服务生产者和经济服务消费者必须有机地结合在一起协同发挥作用，这实际上就是交往双方的一个双赢合作的过程。第二，给予竞争对手以回报。在经济活动中，人们关心的往往是自己的利益。但是，个人理性并不一定导致集体理性，人们可能会陷于"囚徒困境"中。"囚徒困境"意味着人们之间应该总是寻求合作，因为合作是交往一方希望从对方得到的。但合作又不能是无条件的，因为无条件的合作往往不但会伤害自己，还会宠坏对方，并为社会留下了改造被宠坏者的负担。这说明回报比无条件合作更适合成为道德的基础。根据我们的日常直觉，基于回报的策略似乎没有达到道德的高度，但它确实不仅有利于自己，也帮助了别人，它是靠引导出对方的合作来促进双方的利益。经济服务主体之间往往是通过他们自己相互给予激励来引导合作，这种情况下，困难在于应该采用什么样的诱导方式。诚然，"一报还一报"是自私者可能使用的有效策略，但它却不是经济主体所应遵循的道德策略。也许比较容易接受的道德标准是：多一点宽容和回报，这才是道德的策略，也是经济服务主体之间的合作之道。

| 第6章 |

西方经济服务伦理思想的发展历程

经济服务伦理思想是经济学家们（当然也包括伦理学家们）对有关经济服务伦理问题所发表的某些观点和看法。自亚当·斯密以来，西方服务经济伦理思想的发展经历了萌芽、泛化、初步发展、转型与趋向成熟四个阶段。本章将以这四个阶段代表人物的经济服务伦理思想为探究对象，主要从西方学者对经济服务的研究中发掘一些伦理思想，并对这些伦理思想作出客观的审视和评价，企望通过学习和借鉴西方经济服务伦理思想中的合理内容，对于改造和更新我国的传统经济服务观念，推进新时代中国特色社会主义经济服务的和谐发展起到积极的作用。

6.1 互利与自由竞争：亚当·斯密的经济服务伦理思想

18 世纪后期到 19 世纪中期，是西方从农业社会向工业社会过渡的时期，服务活动主要表现为家仆的劳动、为皇室王权的服务以及随着资本主义发展而出现的一些与工业有关的服务，如商品流通等。在被称为古典经济理论研究阶段的这一时期，对经济服务活动研究最具影响力的是西方古典经济学派的开山鼻祖亚当·斯密。斯密在《国民财富的性质和原因的研究》这部著作中阐发了丰富的经济伦理思想，其中关于交换伦理和经济服务伦理的论述占有重要地位。笔者将以斯密为代表的这一时期称为西方服务经济伦理思想的萌芽阶段。

斯密虽然在他的论著中肯定了人的正当自利追求，也承认人的自利追求具有促进公共利益和社会财富增长的动力作用，却认为互利才是经济服务活动的基本道德原则。在论述分工的原因时，斯密谈到，分工是由"一种人类倾向所缓慢而逐渐造成的结果，这种倾向就是互通有无，物物交换，互相交易"，它"为人类所共有，亦为人类所特有，在其他各种动物中是找不到的。其他各种动物，似乎都不知道这种或其他任何一种协作"。① 导致分工的这种"互通有无"和"相互交易"的倾向，实质上就是人们相互之间所提供的经济服务，它是人类区别于动物的一种相互服务的互利价值取向，具有鲜明的道德性。斯密接着写道："一个人尽毕生之力，亦难博得几个人的好感，而他在文明社会中，随时有取得多数人的协作和援助的必要。别的动物，一达到壮年期，几乎全都能够独立，自然状态下，不需要其他动物的援助。但人类几乎随时随地都需要同胞的协助，要想仅仅依赖他人的恩惠，那是一定不行的。他如果能够刺激他们的利己心，使有利于他，并告诉他们，给他做事，是对他们自己有利的，他要达到目的就容易得多了。"② 这就是说，人们之间需要相互协作，需要服务于他人，也只有这样，人与人之间才能够达到彼此的互利。这一论述显然蕴涵着斯密推崇经济互利和相互服务的价值取向。在对重商主义进行批判时，斯密又强调了生产者（包括服务生产者）应当为满足消费者（包括服务消费者）的需要和利益服务，并最终实现互利。他认为："消费是一切生产的唯一目的，而生产者的利

---

① ［英］亚当·斯密. 国民财富的性质和原因的研究（上卷）［M］. 郭大力，王亚南，译. 北京：商务印书馆，1972：12-13.
② ［英］亚当·斯密. 国民财富的性质和原因的研究（上卷）［M］. 郭大力，王亚南，译. 北京：商务印书馆，1972：13.

益，只在能促进消费者的利益时，才应当加以注意。这原则是完全自明的，简直用不着证明。"①

斯密不仅指出了经济服务活动最基本的道德准则，还指明了引导人们由自利走向互利的桥梁——自由竞争。他认为，人类由封建社会进化到最后的商业上互相依赖的新社会，就需要产生新的制度。这种制度便是自由竞争。由于自由竞争，社会中一切成员互相抵触的自利心理将转化为使大家互相得利的结果。斯密谈到："扩张市场，缩小竞争，无疑是一般商人的利益。可是前者虽然往往对于公众有利，后者却总是和公众利益相反。缩小竞争，只会使商人的利润提高到自然的程度以上，而其余市民却为了他们的利益而承受不合理的负担。"② 斯密坚持市场经济服务应遵循互利的道德准则，并认为只有在一切商品交换领域引入自由竞争和优胜劣汰的机制，才能真正实现互利。这一主张无疑具有深远的意义。现代市场竞争特别是服务经济竞争、服务文化竞争等越来越凸显道德的内涵，服务竞争内涵着伦理的机制和要求，它以诚信、公平为伦理竞争环境，以谋利于消费者为伦理核心，能够真正实现服务生产者之间，以及服务生产者与服务消费者之间的互利合作。

当然，尽管在以斯密为代表的这一时期，已经出现了公共健康、教育和科学研究等社会服务，这些活动还获得了法律和制度的保护，但那时的社会服务远没有现在这么重要，因而没有得到包括斯密在内的学者们更多的关注。再加上斯密把其服务理论置于物质产品生产的约束性假设之下，斯密只是偶然地写到关于服务的观点，这些观点可以在他对其他问题的讨论中发现。因此，斯密并没有提出相应的服务经济理论，这无疑制约了我们对斯密经济服务思想的伦理评价。

---

① ［英］亚当·斯密. 国民财富的性质和原因的研究（上卷）［M］. 郭大力，王亚南，译. 北京：商务印书馆，1972：227.

② ［英］亚当·斯密. 国民财富的性质和原因的研究（上卷）［M］. 郭大力，王亚南，译. 北京：商务印书馆，1972：242.

6.2　和谐与相互服务：巴斯夏的"泛服务"伦理思想

从 19 世纪中期到 19 世纪末，随着新的经济学理念的产生，这一时期经济学家们对服务经济的讨论呈现出如下趋势：认为所有的活动都是服务，把资本主义经济关系更多地作为服务关系来描述。其代表人物是法国经济学家弗雷德里克·巴斯夏。巴斯夏是一个极端的自由主义者，他的《和谐经济论》一书是他以服务交换为基础对资本主义经济所进行的系统分析。笔者将以巴斯夏为代表的这一时期称为西方服务经济伦理思想的泛化阶段。

巴斯夏从服务劳动推导出价值理论，认为"价值只不过是对被交换的劳务量的评估"，是"两项交换的劳务之间的比例关系"；而交换实际上是一种服务的交换，交换就是互相提供服务，而价值存在于相互服务的比较评价之中。他把交换定义为：每个人用他的努力替别人谋利益，反转来他又从别人的努力中得到利益。在他看来，交换实际上就是这样两种服务的交换，而作为交换的主要因素的价值概念，就是两种服务的关系或两种服务的交换比例。因此，他认为交换是按以服务换服务，以价值换价值的规律进行的；两种交换着的服务是等价的，而等价交换是平等互利的，因而表明交换也是能够实现各阶级之间利益调和的。他进而指出，价值量不与服务提供者所付出的劳动或动力的强度维持一定的比例关系，而与服务承受者因而节省下来的劳动或努力存在着比例关系。这种节约的劳动就是为获得商品的人提供一种服务。在巴斯夏看来，全部商品交换，无论是直接的物物交换条件下的商品交换，还是商品流通和货币流通条件下的商品交换，都可以归结为互相交换"服务"，这些服务包括农业生产者、机械制造者、葡萄种植者、织布者、杂货铺老板、教堂执事、铁匠、理发师、裁缝、医生、律师等等的"服务"。① 巴斯夏的观点无疑抹杀了商品和服务、生产劳动和非生产劳动的区别，尤其是以"服务"的形式掩盖了资本对劳动的剥削关系。在他看来，资本和劳动的交换是两种服务的交换，资本家的服务是供给工人以生活资料和生产资料，而工人的服务是替资本家劳动。利息和工资就这两种服务的报酬。这两种服务的交换，在经济自由的条件下，是等价的。因此，这种互相提供服务的关系，是绝对和谐一致的关系。马克思批判了巴斯夏的观点是一种"把资本和劳动的关系看成服务的交换的庸俗观点"②，并指出巴斯夏所谓的服务"到处都把经济关系的特定的形式规定性抽掉了"③，劳动和资本之间的特殊关系"或者完全消失了，或者根本不存在"④。巴斯夏还认为，人们进行交换的目的是为了满足各自的需要，相互提供服务。他说："我们可以彼此帮助，可以替他人劳动；我们可以相互提供劳务，用我们的能力或源自能力的东西，在得到相应回报的条件下为他人提供劳务。"⑤

巴斯夏的相互服务论虽然掩盖了资本对劳动的剥削关系，但不能否认其伦理进步性，因为它"确实也反映了不同以往经济形态的市场经济中的人际关系，新的经济伦理亦因此而产生"，而"在封建制度下不会有任何人提出地主和农奴是相互服务的，在当时的人看来这绝对是荒谬绝伦的"。⑥ 巴斯夏还提出："一切正当利益彼此和谐。"⑦ 他企图建立一种相互服务、彼此协调而又自由竞争的社会经济体系，这一思想对于和

① ［法］弗雷德里克·巴斯夏. 和谐经济论［M］. 王家宝，等译. 北京：中国社会科学出版社，1995：99 – 132.

② 马克思恩格斯全集（第26卷第一册）［M］. 北京：人民出版社，1972：432.

③ 马克思恩格斯全集（第31卷）［M］. 北京：人民出版社，1998：430.

④ 马克思恩格斯全集（第26卷第一册）［M］. 北京：人民出版社，1972：435.

⑤ ［法］弗雷德里克·巴斯夏. 和谐经济论［M］. 王家宝，等译. 北京：中国社会科学出版社，1995：100.

⑥ 章海山. 经济伦理论［M］. 广州：中山大学出版社，2001：15 – 16.

⑦ ［法］弗雷德里克·巴斯夏. 和谐经济论［M］. 王家宝，等译. 北京：中国社会科学出版社，1995：34.

谐经济与和谐社会的构建亦具有某种启示。

6.3 平等与服务个性化：富克斯的经济服务伦理思想

从 20 世纪 30 年代到 70 年代，西方学者确立了"第三产业"和服务经济理论。"三大产业"理论的创立无疑确立了服务业的历史地位，也推动了服务经济理论的研究。20 世纪 60 年代中期至 70 年代中期是资本主义发展最快和最平稳的时期，资本主义的物质财富已经丰富到以至于服务成为人们消费需求的主要产品的地步。随着经济结构的巨大变化和服务业作用的日益显著，一些经济学家开始研究"服务经济"问题，其代表人物是美国经济学家维克托·富克斯。在他的经典著作《服务经济学》一书中，包含着一些极富见解的服务经济伦理思想。笔者将以富克斯为代表的这一时期称为西方服务经济伦理思想的初步发展阶段。

在对"第三"部门或"剩余"部门的研究中，富克斯发现，从事服务业的人员主要是劳动密集型部门里大多直接与消费者接触，几乎全部都生产无形产品的"白领"阶层。同时，在服务部门，"差不多有一半的职位均由妇女来担任"，"这意味着妇女可以在较接近平等的条件下和男子竞争"，因为服务业很多部门对男性的特点如体力并没有提出特殊的要求，显然，"服务经济的出现当会增进男女之间的平等"。① 这一思想实际上表明，随着经济发展水平的提高，越来越多的劳动力从农业和制造业向服务业转移，服务业提供越来越多的就业机会。服务业不仅成为转移劳动力和新增劳动力的吸纳器，而且服务业中的多数部门技术壁垒少，企业规模小，却可以集中绝大多数的就业人员。

①　[美]维克托·富克斯. 服务经济学 [M]. 许微云，等译. 北京：商务印书馆，1987：19－21.

在对服务业与工业在工资上的差异的研究中，富克斯发现，服务业从业人员的工资比工业从业人员少得多，而且服务业人员实际工资收入也低于根据从业人员的特征，如肤色、年龄、性别和文化程度等的不同计算出来的"预期"工资。在工业部门内部，各种行业的工资趋于相似，而服务部门各行业间的工资则很不一致。这一现象实际上反映出服务业劳动者与工业劳动者在人格上是处于不平等的地位的。实际上，服务劳动者是依靠自己的劳动能力所创造的劳动成果养活自己，并和工业劳动者一样，为社会创造财富，他们在社会人格地位上应该是完全平等的。

富克斯还认为，与工业化过程将人"异化"正好相反，服务工作呈现出"个人化"的倾向和特征，"许多服务行业的产业人员和他们的工作密切相关，而且往往从事高度个人化的工作，从而为发挥和运用其才能提供了广泛的机会"，"这类工作（发展最快的工作）将具有比任何时候都更个人化的特点"。① 这一思想反映出，服务经济不仅在消费者方面表现出明显的个性化需求特征，而且，在服务生产方面，服务工作也日趋个性化。工业化使工人与其工作的关系减少，使个人与其劳动的最后成果无关，大规模工业化生产的社会使个人与工作很难融为一体。而服务经济出现相反的趋势，许多服务工作者与其工作有着密切关系，而且提供高度个人化的服务，而这种服务有充分机会培养并运用个人技能。

总之，富克斯的服务经济伦理思想，预示着服务劳动交换的背后隐藏着价值上的等价交换，服务劳动者并非是接受农业劳动者或工业劳动者的馈赠，而是完全依靠自己的劳动能力所创造的劳动成果养活自己，并和工农业劳动者一样，为社会创造财富，他们在社会人格地位上是完

① ［美］维克托·富克斯. 服务经济学 ［M］. 许微云，等译. 北京：商务印书馆，1987：19 −21.

全平等的;"第三产业"不仅提供了大量的就业机会,而且使得劳动者在就业机会方面更加平等、合理,从而促进了就业机会的均等;服务经济的发展还显示出伦理的发展趋势,即服务的个性化和服务劳动者个人潜能的自由发挥。

6.4 人性与追求卓越:20 世纪 80 年代以来的西方经济服务伦理思想

20 世纪 80 年代以来,在西方服务经济的理论和实践当中,人们已经普遍意识到伦理道德在服务经济过程中的重要地位和作用,深刻地认识到人性化、伦理化的服务是服务经济应追求的境界。正如有学者所预言的:"随着时代的进步,创造消费者价值将变得越来越重要。……在不远的将来,我们会重新看到服务、价值创造和人性化商务活动的内涵。焦点又重新回到对人的关怀上来。"[1] 人们认识的这一转变,从根本上说,是因为传统的服务经济理论和方式已不适应服务经济发展的新要求,传统服务经济方式的弊端引发了服务经济本身的转型,从而推动和导致了服务经济理论研究的伦理关注和道德倾向。笔者将这一时期称为西方服务经济伦理思想的转型与趋向成熟阶段。

1982 年,被称为美国工商管理"圣经"的《追求卓越》一书出版,作者托马斯·彼得斯和罗伯特·沃特曼总结出以服务为主的优秀企业共同的八大属性:崇尚行动、贴近顾客、自主创新、以人助产、价值驱动、不离本行、精兵简政、宽严并济。[2] 不难看出,彼得斯和沃特曼所

---

① [美]卡尔·阿尔布瑞契特,让·詹姆克. 服务经济——让顾客价值回到企业舞台中心 [M]. 北京:中国社会科学出版社,2004:序言.

② [美]托马斯·彼得斯,罗伯特·沃特曼. 追求卓越:美国优秀企业的管理圣经 [M]. 北京:中央编译出版社,2000:12-15.

创导的经营服务理念中贯穿了"以人为中心、服务顾客"的伦理精神，而"追求卓越"也被认为是服务经济所追求的伦理价值目标。1985 年，美国著名服务管理大师卡尔·阿尔布瑞契特和让·詹姆克撰写的《服务经济》一书出版，作者大力倡导"顾客中心"的服务管理理念。2002年，该书再版，书中阿尔布瑞契特和詹姆克系统地论证了将顾客价值请回企业舞台的中心的重要性和必然性，并以全新的视角介绍了如何在以科技为本的全球新经济中，争取并且留住顾客的技巧。作者对"顾客价值"的阐释和论证无疑显示出服务经济所应当遵循的伦理道德价值。1998 年，美国服务管理领域的学术权威詹姆斯·菲茨西蒙斯在他的《服务管理》一书中，从服务业与经济的关系讲起，逐步展开，依次详尽论述了服务的含义与竞争战略、服务企业的构造、服务运作的管理、世界级服务的战略问题等，基本上涵盖了服务管理的所有重要理论。该书对服务经济做了比较全面和系统的研究，其论述亦涉及服务竞争、服务公平、服务安全等富含伦理意蕴的重要问题。1999 年，美国服务研究专家利奥纳德·贝利的《服务的奥秘》一书出版，作者对 14 家成功企业进行精确研究后，得出了一个崭新的结论：服务业的长期建设中最重要的因素不是大量的商务活动，而是人性价值。贝利认为，14 家样本企业的共同之处在于："它们的宝库中都珍藏着七个核心价值观：卓越、创新、愉悦、协作、尊重、正直、公益。七者之间紧密相关、有机结合、共同作用，使企业优秀的经营策略切实转化为实践上的发展成功。"[1] 显然，贝利有关服务奥秘的观点蕴涵着深刻的服务经济伦理思想。2008 年，英国作家、咨询顾问劳里·杨（Laurie Young）的《从产品到服务：企业向服务经济转型指南》一书出版，该书集中论述了过去20 年间由产品制造转向服务供给的一些世界顶级企业经历。[2] 作者认为

① ［美］利奥纳德·贝利. 服务的奥秘［M］. 北京：企业管理出版社，2001：31 – 32.
② ［英］劳里·杨. 从产品到服务——企业向服务经济转型指南［M］. 耿帅，译. 北京：机械工业出版社，2009.

从产品向服务转型的重要动因是由于顾客对企业提出了新的产品标准或服务支持，他们越发倾向于增加在教育、健康、娱乐和餐饮服务等方面的开支。这种趋势引发了市场对于服务的爆炸式需求，进而成为成功企业竞相开拓的新经济增长点。显然，在产品同质化竞争日益增强的情况下，越来越多的制造企业都在力图通过提供增值服务来实现差异化，进而获取竞争优势。在企业向服务经济转型的过程中，经济服务化、服务人性化的特征日渐明显，经济服务的伦理道德价值越来越受到重视。

综而观之，自 20 世纪 80 年代以来，以美国学者为首的西方服务经济理论研究者们开始着眼于"以顾客为中心"和"顾客服务"，逐渐认识到服务经济必须重视伦理道德和卓越的服务精神。而随着科学技术的发展和新经济时代的来临，服务经济也随之渗透到社会生活和生产的各个领域，精神服务、个性化服务以及创新服务在服务经济实践中日益凸显，正是服务经济的精神化、个性化和创新性集中体现了服务经济发展的伦理趋向。特别是在信息和网络技术迅速发展的背景下，精神服务、个性化服务以及创新服务越来越显示出其伦理价值和意义，它们相互联系、相互促进，共同推动着服务经济的伦理化发展。

综上所述，西方服务经济伦理思想的发展经历了萌芽、泛化、初步发展、转型与趋向成熟这样一个曲折的、逐步深入的演变过程。伴随着西方服务经济的发展与成熟，西方学者积极联系服务经济的实践来探讨服务经济的发展所需要的伦理价值观。特别是在服务经济发展相对成熟的美国，学者们一般都是结合一些服务企业的成功经验来探讨服务经济发展所应遵循的伦理道德价值，他们有关服务经济的伦理思想和价值观念具有实用性、功用性和可操作性，能够迅速融入服务性企业的实践以及服务经济的发展之中。无疑，我国服务经济特别是服务性企业的发展，应当吸收和借鉴西方服务经济伦理思想中的积极而合理的内容，这将有助于探寻适合我国服务性企业发展以及服务经济发展的正确方向，有助于完整地把握我国服务经济发展的规律及其所逐渐显示出的伦理发展趋向，促进服务经济与人和社会的协调发展。

第 7 章

马克思经济服务的伦理内涵及启示

在当代社会，人与人之间的一种服务与被服务的客观伦理关系的建立已成为构建服务型社会的道德保障。作为现代社会的伦理主题，服务体现着时代的发展趋势和道德精神，服务的研究期待着一种对其历史底蕴与时代精神的道德哲学把握。马克思的经济服务观具有深刻的伦理内涵，已经具备了一种潜在的服务伦理理论视域，这一理论视域对于当今服务型社会的构建和发展具有重要的参考价值。

7.1 马克思经济服务的主要内容

7.1.1 服务是以活动形式存在的特殊使用价值

在马克思看来，作为经济领域的一般范畴，服务是一种商品，是一种以活动形式存在的特殊使用价值。他说："服务这个名词，一般地说，不过是指这种劳动所提供的特殊使用价值，就像其他一切商品也提供自己的特殊使用价值一样；但是这种劳动的特殊使用价值在这里取得了'服务'这个特殊名称，是因为劳动不是作为物，而是作为活动提供服务的，可是，这一点并不使它例如同某种机器（如钟表）有什么区别。我给为了你做，我做为了你做，我做为了你给，我给为了你给，在这里是同一关系的、意义完全相同的几种形式。"① 这就是马克思对服务这种人类行为的经济定位。马克思关于服务的这一界定首先肯定了服务是使用价值，可以进行市场交换；其次指出了服务是一种以活动形式存在的特殊商品，具有特殊的使用价值。服务作为一种特殊的使用价值，除了与一般商品所共有的满足生产和生活需要和体现社会财富之外，还可以节约社会劳动时间、提高社会劳动生产率；同时，与一般商品相比，服务还是一种运动形态的使用价值，是以活动形式提供使用价值，这种服务的运动过程就是服务劳动者的生产过程。这表明，服务是一个经济范畴，是以活动的形式提供具有特殊使用价值的劳动，它只是劳动的特殊使用价值的表现，因为服务不是作为物而有用，而是作为活动而有用。

7.1.2 服务缘于社会分工并随着社会分工的扩大而发展

服务源于社会分工，并随着社会分工的扩大而不断地变化发展。服务是一个不断发展的、历史的范畴，它的内涵并非是一成不变的。在最原始的交往实践活动中，人们之间的协作与互助，还不以服务的形式出现。尽管这里面已有服务的萌芽，但还意识不到这里已有服务。随着生产力的发展，人们之间交往的扩大，出现了社会分工，人们分别进行不同的劳动，在不同行业中进行不同的操作，彼此为对方提供服务，这就出现了最广泛意义上的服务。这时不管人们认识与否，这种广义上的服务都已经客观存在。随着社会分工的进一步发展，一部分人从工农业生产中分离出来，只为他人提供非工农业产品的效用或有益活动，人们把这种现象称之为服务。在马克思的分工理论中，服务从属于分工体系并

---

① 马克思恩格斯全集（第26卷第一册）[M]. 北京：人民出版社，1972：435.

随着社会生产方式的变革而不断突显其在分工体系中的地位和作用。马克思认为，社会分工和工场内部分工"这两种分工是齐头并进地向前发展的、通过相互作用而相互产生"①，他还说："制品或者是由各个独立的局部产品纯粹机械地组合而成，或者是依次经过一系列互相关联的过程和操作而取得完成的形态。"② 而完成这些过程和操作的劳动，不仅包括完成产品原材料的加工、组合、提炼的生产劳动，而且包括工程设计人员、管理人员、各类辅助人员如修理工等的服务劳动。此外，机器的使用扩大了社会内部的分工，增加了特殊生产部门和独立生产领域的数量。"这不仅将极大地提高劳动生产率，加速社会生产力的发展变革，而且会促成新的产业和新联系方式的诞生。"③

7.1.3 服务的发展将带来社会产业结构的变化

马克思所处的时代，虽然服务还不够发达，但是马克思预测了服务的社会发展趋势。由于劳动生产率不断上升，大批劳动力便从工业生产领域中逐渐游离出来，从而带来社会产业结构的变化。马克思指出："假定劳动生产率大大提高，以前是 2/3 人口直接参加物质生产，现在只要 1/3 人口参加就行了。"现在国民用在直接生产上的时间少了，"如果平均分配，所有的人就都会有更多的非生产时间和余暇"。因此，物质生产劳动者的人数按绝对量来说虽可能会随着人口的增长而不断增加，"但是相对地，按照同总人口的比例来说，他们还是比以前少 50%。"他们接受非物资生产劳动者所提供的服务。马克思还预见到：非物质生产劳动者"一般会有比以前高的教育程度；并且，特别是报酬菲薄的艺术家、音乐家、律师、医生、学者、教师、发明家等等的人数将会增加。"马克思进一步指出：随着生产力的发展，"商业中介人的

---

① 马克思恩格斯全集（第 47 卷）[M]. 北京：人民出版社，1979：357.
② 马克思. 资本论（第 1 卷）[M]. 北京：人民出版社，1975：379.
③ 李相合. 马克思服务经济理论及其启示 [J]. 当代经济研究，2005（8）：11 - 15.

人数会增加"，"农业工人的人数同工业工人的人数相比会减少"，而工业工人中更多的人从事中间产品生产，"而不从事产品本身的再生产。""最后，从事奢侈品生产的工人人数会增加，因为收入已经提高，现在会消费更多的奢侈品。"① 随着劳动生产率的上升，大批从物资生产领域分离出来的劳动力开始流入包括服务业在内的各类新兴的非物资生产领域，从而促进了社会产业结构的变化。

7.2　马克思经济服务的伦理内涵

马克思的经济服务强调服务是一种活动形式的特殊使用价值，能够满足人的消费和生产的需要；同时也阐释了服务与社会分工以及劳动生产率之间的辩证发展关系，它们共同指向个人的自由全面发展这一马克思伦理思想的核心主题。

7.2.1　以商品形式满足人的需要是经济服务的基本伦理内涵

马克思认为，服务作为商品，作为人类的劳动产品，也与其他商品一样可凭借其特殊的使用价值满足不同人的需要。这是服务的基本伦理价值内涵。正因为服务产品具有这种属性，"工人自己可以购买劳动，就是购买以服务形式提供的商品，他的工资花在这些服务上，同他的工资花在购买其他任何商品上，是没有什么不同的。"② 马克思还认为："对于提供这些服务的生产者来说，服务就是商品。服务有一定的使用价值（想象的或现实的）和一定的交换价值。但是对买者来说，这些服务只是使用价值。"③ 在马克思看来，服务商品的使用价值就是它提

---

① 马克思恩格斯全集（第 26 卷第一册）[M].北京：人民出版社，1972：218－220.
② 马克思恩格斯全集（第 26 卷第一册）[M].北京：人民出版社，1972：436.
③ 马克思恩格斯全集（第 26 卷第一册）[M].北京：人民出版社，1972：149.

供的各种可以满足人们的物质需要（包括消费需要和生产需要）的特殊的效用。在满足人们的生产需要方面，运输服务是最明显的。马克思把运输业列入物质生产部门。他说："除了采掘工业、农业和加工工业以外，还存在着第四个生产领域……这就是运输业，不论它是客运还是货运。……在这里，劳动对象发生某种物质变化——空间的、位置的变化。至于客运，这种位置变化只不过是企业主向乘客提供的服务。……如果我们就商品来考查这个过程，那么这里在劳动过程中，劳动对象，商品，确实发生了某种变化。它的位置改变了，从而它的使用价值也起了变化，因为这个使用价值的位置改变了，商品的交换价值增加了，增加的数量等于使商品的使用价值发生这种变化的劳动量。"① 在马克思看来，运输服务特别是旅客运输业所提供的东西，就是场所的变动。它产生的效用，是和运输过程即运输服务商品的生产过程不可分离地结合在一起的。这种效用只能在生产过程中被消费，而效用的消费本身就是处于运输中的商品的一个生产阶段。虽然服务业在当时经济上并不十分重要，但是服务业和旅客运输业的本质特征是一样的：以人为对象，不能被占有，生产的是效用，生产过程和消费过程不可分离地结合在一起。

7.2.2 促进一般劳动生产率的发展是经济服务的核心伦理内涵

马克思认为，作为社会分工的直接结果的服务，其主要的社会职能和伦理价值就在于它能"促进一般劳动生产率的发展"，这充分显示出服务的核心伦理内涵。马克思注意到，服务能起到节约劳动的作用，能够促进劳动生产率的提高。他说："它们节约劳动，并且使'产业资本家'或者生产工人有更多的时间从事自己的劳动，由于别人代替他们去完成价值较小的劳动，他们就能完成价值较大的劳动。……从而促进一

---

① 马克思恩格斯全集（第 26 卷第一册）[M]. 北京：人民出版社，1972：444-445.

般劳动生产率的发展。"① 显然，从节约社会劳动时间、提高社会劳动生产率的角度来看，服务具有明显的伦理价值内涵。马克思认为："如果每个人本来不得不既完成生产劳动，又完成非生产劳动，而由于两个人之间实行这种分工，生产劳动和非生产劳动都能完成得更好"②，那么，这类服务就是"由于分工而成为必要"的、节约劳动、节约时间的服务。马克思写道："真正的经济——节约——是劳动时间的节约（生产费用的最低限度——和降到最低限度）。而这种节约就等于发展生产力。"③ 很显然，在马克思看来，作为社会分工的一定部门的"真正节约劳动"的这类服务的存在和发展，从社会再生产的角度来说，就是促进了"一般劳动生产率的发展"，"就等于发展生产力"。

7.2.3 促进个人的自由全面发展是经济服务的终极伦理内涵

从劳动力的生产和再生产、个人的充分发展以及这种发展反作用于劳动生产率的角度来看，促进个人的自由全面发展是服务的终极伦理内涵。马克思认为："节约劳动时间等于增加自由的时间，即增加使个人得到充分发展的时间，而个人的充分发展，又作为最大的生产力反作用于劳动生产力。从直接生产过程的角度来看，节约劳动时间可以看作生产固定资本，这种固定资本就是人本身。"④ 什么是人本身？马克思指出："人本身是他自己的物质生产的基础，也是他进行的其他各种生产的基础。因此，所有对人这个生产主体发生影响的情况，都会在或大或小的程度上改变人的各种职能和活动，从而也会改变人作为物质财富、商品的创造者所执行的各种职能活动。在这个意义上，确实可以证明，所有人的关系和职能，不管它们以什么形式和在什么地方表现出来，都

---

① 马克思恩格斯全集（第 26 卷第一册）［M］. 北京：人民出版社，1972：310 – 311.
② 马克思恩格斯全集（第 26 卷第一册）［M］. 北京：人民出版社，1972：178.
③④ 马克思恩格斯全集（第 46 卷下册）［M］. 北京：人民出版社，1980：225.

会影响物质生产，并对物质生产发生或多或少是决定的作用。"① 从这里可以看到：马克思认为人是社会生产的基础和主体，因而创造性的劳动，当然也包括服务劳动，是人自我实现的手段，其终极价值目的是生成全面自由发展的人。在马克思看来，诸如教育、医疗等服务，在劳动力再生产过程中就发挥着不可缺少的重要作用。马克思说："有一些服务是训练、保持劳动能力，使劳动能力改变形态等等的，总之，是使劳动能力具有专门性，或者仅仅使劳动能力保持下去的，例如学校教师的服务（只是他是'产业上必要的'或有用的）、医生的服务（只要他能保护健康，保持一切价值的源泉即劳动能力本身）……这些服务应加入劳动能力的生产费用或再生产费用。……在任何情况下，医生的服务都属于生产上的非生产费用。可以把它算入劳动能力的修理费。"② 马克思的上述论述，指明了教育医疗等服务在劳动力再生产过程中的地位和作用。它们能保持一切价值的源泉即劳动能力本身。

马克思还认为："社会为生产小麦、牲畜等等所需要的时间越少，它所赢得的从事其他生产，物质的或精神的生产的时间就越多。正像单个人的情况一样，社会发展、社会享用和社会活动的全面性，都取决于时间的节省。一切节约归根到底都是时间的节约。"③ 当"剩余劳动不再是发展一般财富的条件"时，人的"个性得到自由发展，因此，并不是为了获得剩余劳动而缩减必要劳动时间，而是直接把社会必要劳动缩减到最低限度，那时，与此相适应，由于给所有的人腾出了时间和创造了手段，个人会在艺术、科学等等方面得发展"。④ 显然，在马克思看来，"真正节约劳动"的这类服务的存在和发展，能为人们赢得更多的"精神的生产的时间"，实质上就是部分地促进了人的解放，从而促

---

① 马克思恩格斯全集（第 26 卷第一册）[M]. 北京：人民出版社，1972：300.
② 马克思恩格斯全集（第 26 卷第一册）[M]. 北京：人民出版社，1972：159－160.
③ 马克思恩格斯全集（第 46 卷上册）[M]. 北京：人民出版社，1979：120.
④ 马克思恩格斯全集（第 46 卷下册）[M]. 北京：人民出版社，1980：218－219.

使人们向自由全面发展的自由人道德境界不断迈进。"自由王国只有建立在必然王国的基础上，才能繁荣起来。工作日的缩短是根本条件。"①

7.3 马克思经济服务伦理的启示

马克思伦理思想的旨归是"每个人的自由发展"，这是马克思终生理论探索和在实践上为之奋斗不息的核心主题，他的经济服务伦理思想不仅有助于对这一主题的理解，也给当代服务型社会的构建和发展以深刻的启示。

7.3.1 马克思经济服务伦理揭示出经济服务是经济价值和精神道德价值的统一

服务是社会分工体系中人类生产劳动的一种必要的特殊状态，它能够直接满足人的物质和精神文化的生产和消费需要。服务具有经济价值是很显然的，它具有服务主体在经济方面所肯定的服务效益、服务利润等经济价值；同时，服务还具有满足人们的精神需要和道德需要的伦理价值。当然，服务的伦理价值是以经济价值为基础的。根据马克思关于"服务是运动形态的使用价值"的看法所揭示的服务的特征可知，服务的生产和消费往往是同一过程，在服务的生产和消费过程中，服务生产者和服务消费者往往是直接接触的，相互作用的，或者说，服务是不以物为中介的经济主体之间的互动过程。这种互动性使得服务不仅能够直接满足人的物质需要，而且还能够满足人们的精神需要和道德需要。

人的需要一般可分为物质需要和精神需要。在服务活动所提供的服务产品中，有相当一部分是生活必需品，能满足人们衣食住行最基本的

---

① 马克思恩格斯全集（第25卷下册）［M］. 北京：人民出版社，1975：927.

生活需要，如缝纫服务、饮食服务等。从满足服务消费者精神和道德需要方面来说，首先，服务有助于消费者素质（包括道德素质）的提高，例如，旅游服务可以增长见识、增加精神食粮、增强环保意识。其次，人们在享受实物商品和物质服务时，往往也离不开服务的精神性方面。例如，人们在外出就餐时，不仅要享受美味佳肴，而且还要享受一流的服务和优美的就餐环境。最后，某些服务活动还能直接满足消费者的精神和道德方面的需要，例如，心理咨询服务、健康的影视娱乐服务等。

总之，服务不仅能够满足人们一定的物质生活的需要，更重要的是还能够在一定程度上满足人们的精神生活的需要。服务的精神性需要包含着人的伦理道德的需要。人的伦理道德需要是人的多层次需要中的一种高级的需要，是人作为一种有理性的社会动物的精神规定。人的精神道德需要的满足是人走向自由发展的必要条件。由此看来，服务不仅能够满足人们的物质需要，具有物质价值和经济价值，而且还能够满足人们的精神需要，具有精神价值和伦理道德价值，是经济价值和精神道德价值的有机统一，它为人的自由发展提供了重要条件。

7.3.2 马克思经济服务伦理提供了一种理解现代服务观的辩证法视野和一个构建服务型社会的方法论基础

马克思经济服务观深刻把握住满足人的需要这一服务的基本伦理内涵，突显了促进一般劳动生产率的发展这一服务的核心伦理内涵。这种关于服务能不断满足人的需要，促进一般劳动生产率的发展的思想启示人们，服务具有一种不断发展的、与时俱进的伦理价值理念，它是一种社会进步与文明的展示，向人类昭示出一种日益进取的时代精神和与时俱进的理论品质，这是正确理解现代服务观的一种辩证法视野，是构建服务型社会的方法论基础。

在马克思看来，服务是社会分工的直接结果，服务的存在和发展就是促进了"一般劳动生产率的发展"，"就等于发展生产力"。无疑，服务既缘于社会分工，又随着社会分工的扩大而发展，反过来又促进了劳动生产率的不断提高。社会的大分工促使了生产力的大发展，带来了服务的大繁荣，这种螺旋式的辩证法推进在当代社会表现得尤为明显。20世纪50年代以来，高新科技的发展，使社会分工日趋细化，生产力极大提高，从而带动服务领域不断拓展，服务设施不断改进，同时，服务的不断完善又使其扮演着推动劳动生产率提升的重要角色。

尽管马克思所论述的服务范畴含义颇为繁杂，但他主要是从"运动形态的使用价值"这一角度来谈的，服务是由劳动提供的能够满足人们的物质、精神需要的运动形态的使用价值。这一意义上的服务包括一般的社会生活服务以及脑力劳动者的服务，一般的社会生活服务将随着社会化大生产导致的家务劳动的社会化而发展；而脑力劳动者的服务将随着生活资料中享受和发展资料比重的增大而逐渐扩展。这两种服务形式的发展反映了社会进步的历史趋势。当然，我们也应当看到，马克思关于服务范畴的划分是建立在其对生产劳动与非生产劳动划分的基础上的，现在看来，马克思以生产关系为基础划分生产性劳动还是非生产性劳动有失偏颇。马克思强调了生产劳动的资本主义性质，但同时资本主义社会中仍然存在大量的非资本主义的生产活动，而且在生产技术变革的条件下，现代社会有些生产活动反而脱离资本主义生产组织独立出来，这种经济活动在经济服务中尤其明显，诸如科技信息服务、网络咨询服务等多种经济服务形式，在现代经济服务活动中占有极为重要的地位。因此，马克思的区分可能将一大部分人类的有用劳动分割在非生产劳动领域，而削弱"生产劳动"这一概念本身的意义。当然，我们也不能由此就抹杀马克思试图对不同的经济活动的经济性质进行区分的理论意义。

从服务本身的历史发展来看，在马克思时代，服务的总体数量还很少，所占的比重也很低。而在新的历史条件下，受信息化、全球化的作用和影响，当代服务劳动获得了快速发展，并呈现出新的特点。在劳动形态发生重大变化，物化劳动比重大幅下降、服务劳动大发展的格局下，我们应该立足于马克思服务观所提供的辩证法视野，根据服务的变化特点以及产业结构的演进变化，来确定服务的性质，并把握服务的伦理发展趋势。我们应该看到，现代意义上的服务逐渐呈现出社会化与公共化、个性化与人性化的伦理特征，并开始了由被动服务到主动服务、由物质服务到知识服务和精神服务的伦理转向，这是服务型社会构建的必由之路。

7.3.3 马克思经济服务伦理提供了一个解决服务型社会构建中存在的双重基本矛盾关系的理论视域

马克思经济服务观启示人们，可以从人的自由发展的视角来解决服务型社会构建中个人与个人之间以及个人与社会之间的基本矛盾关系。促进每个人的自由发展是服务的终极伦理价值，也是服务型社会的终极价值追求。在当代服务型社会的构建过程中，一方面，个人与个人之间的关系，是互为主体、互为客体的相互服务的和谐关系。每个人都有自己的个性，又都是发展的主体。他们的关系是平等、互动、互补、互助与合作的关系。在这里，"每个人的自由发展是一切人的自由发展的条件"，个人的发展是为他人的发展创造条件；他人的发展同样为个人的发展创造条件，也就是互为对方创造条件，体现出一种相互协作、相互服务的伦理关系。

另一方面，在服务型社会中，个人的发展是在社会共同体中实现的，通过社会共同体个人才能获得和控制全面发展其才能的手段，才有个人自由。个人是发展的主体和目的，社会共同体是个人发展的形式和条件。个人的发展就是一个服务社会、奉献社会的过程。服务和奉献社会，为满足他人或社会的需求，力求尽善尽美，是服务型社会的崇高境界。

| 第 8 章 |

经济服务伦理的现代转型及新发展

经济服务不仅有着自身的伦理内涵和价值，有体现在经济服务活动中的一般的伦理特性，而且在其现代发展过程中更是呈现出伦理的新特点。因此，我们从整体上静态地分析了经济服务伦理之后，有必要对经济服务伦理的动态发展过程进行考察。经济服务是一个动态的、变化的、发展的历史过程，它是由社会经济形式所决定的，并随着社会经济形式的演变而变化和发展。在经济服务发展所显示出的社会化、技术化、知识化和融合化的现代背景下，经济服务自身的现代转型推动了经济服务伦理的新发展，这种现代转型以传统的、经验的服务向精神服务、个性化服务以及创新服务的转变为标志，集中体现了经济服务现代发展的伦理新特征。

8.1　经济服务伦理发展的时代背景

人类社会经济形式的发展是一个从简单到复杂、从单一到多元的自然历史过程，经济服务范畴反映着人类的经济服务关系，同样经历着一个自然历史发展过程。"经济活动都是由人来从事的，人们处于不同经济的社会形态中的经济活动又是不同的，人又必须结成一定的经济关系来从事经济活动。"① 在经济服务的伦理探究中，"需要科学地去说明在经济活动中，处于一定经济关系中的人与反映这种经济关系的经济范畴的关系，才能正确地去阐明道德与经济活动，经济关系之间的中介和互动关系，以及它们之间互相发生什么作用"②。迄今为止，人类社会经济形式的发展经历了两种基本形式：自然经济形式和商品经济形式。人类社会经济形式的历史演变就是从最初的自然经济形式到商品经济形式，再到产品经济形式以及更高的经济形式这样一个发展过程。从人类社会经济形式的历史演变过程来看，当今世界的社会经济形式正处于一个过渡和转变时期，并呈现出科技化、全球化、智力化和服务化的特征。可以说，人类还处在商品经济形式和物的依赖性阶段，而产品经济形式和人的全面发展的初始阶段的因素已经开始出现。在这一时期，社会经济服务化的发展趋势和服务经济的出现是一个重要特征。

自然经济是以自给自足的方式运作的经济形式，而自然经济社会则是以血缘和地缘为纽带形成的社会人际关系网络，其基本特征是"熟人社会""身份社会""等级社会"，在这种"差序格局"的社会中，人与人之间几乎不可能形成真正意义上的独立的个体与个体之间、个体与团体之间的关系，存在的往往只有"我"与"他人"之间的不平等关系，因而社会中的"服务"与"被服务"的关系，就变成了在不平等基础上个体间的单向度绝对付出或单纯索取。如中国古代的"三纲五常""三从四德"就是这种不平等的、非正义的伦理道德规范的反映。③在这种社会经济和政治关系中，更多的只是纯粹的"利己"或"利

① 章海山. 经济伦理论——马克思主义经济伦理思想研究 [M]. 广州：中山大学出版社，2001：59-60.
② 章海山. 经济伦理论——马克思主义经济伦理思想研究 [M]. 广州：中山大学出版社，2001：60.
③ 张兴国. "为人们服务"：现代社会的伦理新蕴 [J]. 社会科学辑刊，2002（2）：4-8.

他"，而不存在具有伦理价值的真正意义上的经济服务关系。在商品市场经济社会中，经济服务则体现出一种现代社会的经济伦理精神，其基本前提是服务的主体和客体在经济、道德和法律意义上的独立性。如社会经济个体之间、企业团体与社会个体之间、企业与企业之间，都必须保持一方就对方而言的独立性。因为，人在经济和伦理道德关系中的这种"独立性"，即哲学上探讨的所谓个人存在的"真实性"问题，是在社会意义上人之所以为人的根据，因而也是社会经济主体之间进行正常社会经济交换活动的基础性条件，经济服务活动作为社会经济交换的一种具体形式，也必然要以人的独立性为前提。"没有人的独立性，社会生活就没有公平、正义可言，服务就会变成被剥削、被奴役的代名词，服务行为也就变成了只尽'义务'没有权利的'无私奉献'。"① 拥有独立人格的经济服务将使服务消费者获得同自己平等的"非我"的合作，这种服务本质上区别于等级社会中和依附关系下那种丧失了独立人格和个性特点、缺乏人文精神的服务形式。

市场经济是使人在经济、道德和法律上的独立性从可能变为现实的经济形式，从而使经济服务作为一种伦理精神和道德实践亦有可能成为社会现实。市场经济形态下的经济服务是市场经济本身内含着的积极的伦理精神和道德价值。因为，市场是商品所有者自由、平等地进行商品交换的场所，而作为市场主体的商品所有者必须是在人格和财产权上具有独立性的所有者。正是在这个意义上，马克思说"商品是天生的平等派"②。所以，市场交换中的平等和自由是以市场主体的独立自主性为前提的。在现代市场经济生活中，每一经济主体都应当明确自己在社会经济关系中的角色和地位，都是社会经济关系中的服务者和被服务者，都是在为他人服务和接受他人服务的过程中满足各自需要。因此，经济

① 张兴国. "为人们服务"：现代社会的伦理新蕴 [J]. 社会科学辑刊，2002（2）：4-8.
② 马克思恩格斯全集（第44卷）[M]. 2版. 北京：人民出版社，2001：104.

服务就成为现代经济伦理关系的具体体现，追求服务就成为每一经济主体的着眼点和落脚点。"有了为他方服务的伦理意识，才能有良好的职业道德，从而主动地、热情地履行服务职责，并以此为思想基础形成经济活动的伦理规范和道德自觉"①，形成经济主体之间相互服务的现代经济伦理关系。在现代市场经济社会，任何经济服务活动都是双向互动的，任何经济服务行为都应体现人与人之间的平等关系，只有建立在平等关系基础之上的经济服务，才能真正体现经济主体权利和义务的合理统一。从功利论观点看，一方面，经济服务绝不是单向度的利他，而是在利他的同时也在利己。"在一个健全的现代社会中，利他（义务）与利己（权利）是同一种行为的两重属性和两重结果，真诚的付出（义务）与合理的获取（权利）之间肯定存在着社会和当事人都能接受的均衡点，达到义务和权利的对等。"② 另一方面，就经济服务行为本身来说，也体现权利和义务的统一性。从权利和义务的"均衡"关系看，经济服务行为就是经济服务主体以直接利他的方式去实现他人应有的权利的行为。"实际上，在现实的社会经济生活中，每个人应有权利的获得常常是或者说在越来越大的程度上都是通过他人的服务（尽义务）行为实现的，这种体现社会经济公平、正义的权利和义务的合法交换，表现了人们经济生活中的相互依赖性。"③ 再从契约论的观点看，经济服务体现了现代社会在社会平等基础上的一种契约伦理关系。经济服务是建立在等价交换基础之上的，在经济服务的过程中，服务提供者获得交换价值的同时必须支付"服务"。在商品市场经济形式中，经济服务发展所显示出的经济伦理精神和经济伦理关系，无疑昭示了经济服务现代发展所呈现出的新的伦理特点。正是在现代市场经济迅速发展并日趋

---

① 刘彦生. 论"全面建设小康社会"过程中的经济伦理 [J]. 道德与文明，2003（4）：23 – 25.

②③ 张兴国."为人们服务"：现代社会的伦理新蕴 [J]. 社会科学辑刊，2002（2）：4 – 8.

完善的历史背景下，经济服务的发展才得以逐步深入，其所蕴含的丰富的伦理道德价值也越来越受到人们的重视。

人类在经历了农业经济、工业经济的历史阶段之后，正在进入一个基于全球化和信息化的新经济时代。"网络技术像一股势不可挡的力量，冲击了整个传统经济体系，在一定程度上改变了传统企业和交易的存在方式，出现了虚拟企业、虚拟管理、电子商务等非实体经济形式。"① 在新旧经济的交替之际，社会化、技术化、网络化、知识化、服务化的环境造就了人的价值观念的多元化，正引发着经济服务理念的巨大转变，经济服务发展由此受到了深远的影响。丹尼尔·贝尔认为，随着后工业社会的到来，不仅服务部门将在经济结构中占据统治地位，而且技术和知识将日益渗透到服务业的各个部门，服务业的发展正日益受到知识的驱动。"后工业社会以服务为基础，因此它是一场人与人之间的争斗。受过教育和培训的专业人员是社会的中心人物，他们能够满足后工业社会对各种技能日益增长的需要。如果在工业社会可以用商品数量来衡量人们的生活水平，那么在后工业社会便可以用服务好坏和舒适程度高低来衡量人们的生活质量。现在几乎每个人都认为，卫生、教育、娱乐、艺术等不仅是可望的，而且是可及的。"② 经济服务发展所显示出的社会化、技术化、知识化和融合化的特征构成了经济服务伦理发展的现代背景。

8.1.1 经济服务的社会化

20 世纪 60 年代以来，越来越多的银行、保险公司、计算机软件公司、专业咨询服务公司已进入了世界 500 强，美国快餐一夜之间风靡全

---

① ［美］卡尔·阿尔布瑞契特，让·詹姆克. 服务经济——让顾客价值回到企业舞台中心［M］. 唐果，译. 北京：中国社会科学出版社，2004：251.
② ［美］丹尼尔·贝尔. 后工业社会（简明本）［M］. 彭强，编译. 北京：科学普及出版社，1985：35-36.

球，国际旅游业也是异军突起，全球跨国公司对服务业的投资已远远超
过了对制造业的投资，服务业在全球经济发展中的地位日益突出。随着
科技的发展，以因特网为基础的通信服务业、信息咨询业、计算机软件
开发等新兴的服务行业正以惊人的速度发展，服务业正日益成为国民经
济名副其实的主导产业。这主要体现在三个方面：一是服务业在国内生
产总值中的比重不断增加；二是服务业的就业人数占就业总人数中的比
例最高；三是服务业对国内生产总值增长的贡献越来越大。① 随着服务
经济的迅速发展和扩张，现代经济服务和现代服务劳动呈现着社会化发
展的趋势。在发达的市场经济中，现代服务劳动呈现出如下新特点：其
一，现代服务劳动的范围大大扩大，人数大大增加。过去的服务劳动，
以个人生活服务为主，涉及部分社会服务和经济服务，范围和数量都较
少。如今，现代服务劳动的范围大大扩展了，几乎遍及社会经济生活的
各个方面。其二，现代服务劳动社会化、企业化，由个人服务发展为大
生产方式经营。过去，一些单个人独立进行的服务劳动，现在主要由公
司企业来组织进行。随着服务资料的大量发明和生产，个体服务越来越
困难，日益依赖于物质生产部门，因此，以大生产经营为标志的服务劳
动方式应运而生。经济服务活动逐渐融入现代服务劳动的社会化进程之
中，这也充分显现出社会与经济进步的历史趋势。

8.1.2 经济服务的技术化

电子计算机技术、现代通信技术和网络信息技术在经济服务领域的
广泛使用，使得经济服务日益呈现出技术化的趋势。"科学技术的日新
月异，既刺激了社会对新的服务种类的需求，也激活了人们对以先进技
术为基础的优质服务的需求，还提高了一些服务（如医疗或通讯等）

---

① 徐培. 经济服务化、服务知识化与我国服务业的发展 [J]. 商业研究，2002（4）：
108－110.

的质量。譬如，科学技术在缩短人们工作时间的同时，提高了人们的生活水准，随之而来的是人们对娱乐服务的强劲需求，如旅游、看电影、住宿、餐饮、参加体育活动等。另外，科技进步所带来的沟通交流设备，从整体上改变了服务提供的特征，如今的服务组织能借助信息技术与世界各地取得联系。"[①] 经济服务的技术化将逐步突破经济服务生产在与经济服务消费之间在时间和地理上的限制。国际互联网上经济服务活动的出现，将使经济服务的范围不断扩大，经济服务活动不再局限于特定的服务对象和相对稳定的服务群体。菲斯克（Raymond P. Fisk）等人在他们的《互动服务营销》一书中记载了这样一个故事："北京的一群 Java 程序员，把一个尚在进行中的项目传给身在西雅图的 IBM 实验室，IBM 实验室在完成一部分工作后，将其传予 Belarus 的计算机科学学院和 Latviad 的软件开发中心。接着，该项目又被传予印度的 Tata 研究中心，最后由 Tata 研究中心将该项目传回北京。整个过程毫无间断，各小组相继将自己的工作融入该项目。"[②] 菲斯克等人认为："服务组织更易从信息技术中获益。IBM 可以组织员工异地开发产品并将其传给遥远的顾客。现在，供应商与顾客的地理位置已无关紧要。利用网络技术来开辟新产业的典型代表是亚马逊网络书店，其利用互联网技术来革新售书服务。"[③] 由此可见，科学技术正在逐步缩小经济服务的时间和地理限制，经济服务的技术化使得经济服务主体之间的竞争也越来越激烈。"越来越多的服务组织难以抵御异国经营的诱惑力。……如今，放眼整个服务业，已很难发现哪个细分产业尚无全球竞争者的痕迹。"[④] 经济服务的技术化给经济服务主体带来了发展的机遇，同时亦带来了竞

---

① ［美］雷蒙德·菲斯克，等．互动服务营销［M］．张金成，等译．北京：机械工业出版社，2001：21.

②③ ［美］雷蒙德·菲斯克，等．互动服务营销［M］．张金成，等译．北京：机械工业出版社，2001：22.

④ ［美］雷蒙德·菲斯克，等．互动服务营销［M］．张金成，等译．北京：机械工业出版社，2001：18.

争的威胁。

8.1.3　经济服务的知识化

自从 1996 年经济合作与发展组织（OECD）在一份题为"科学技术和产业发展"的报告中首次对知识经济的内涵作出界定以来，短短的几年时间，"知识经济"（knowledge-based economy）这个全新的概念便风靡全球，人们似乎都意识到这么一个事实：一个崭新的经济时代正在悄然来临。知识经济的迅速发展促进了经济服务的知识化。20 世纪 90 年代以来，全球范围内的服务知识化趋势越来越明显。我们知道，经济服务本来就需要各种各样的知识，如"商店服务员要能向顾客介绍商品的性能、使用和维修保养知识；餐厅服务员能向宾客介绍菜点典故、烹调方法、营养知识；导游要具有丰富的地理、历史知识"①。新技术的广泛运用使得经济服务行业的内部结构出现了分化，那些使用高技能雇员，并以知识和技术为主要投入和生产的服务行业和活动大量涌现。如专业性的法律服务、会计、审计和簿记服务、综合工程服务等；计算机及其有关服务业中的与计算机硬件装配有关的咨询服务、软件执行服务、数据处理服务等；通信服务业中的电子邮件服务、声频邮件服务、有线信息与数据检索及电子数据交换服务等。这类服务有个共同的特点，即它们一般具有较高的知识密集度和技能水平，提供的产品均是以知识为基础的，交易的核心是包含在各种服务中的知识，这往往都具有很高的附加值，因此这种服务也被称之为"高附加值"服务。经济服务的知识化对世界经济的发展产生着越来越大的影响。正如美国经济学家达尔·尼夫（Dale Neef）所说："在过去的几年间，一个显著的变化是以物品为基础的生产明显地转向以高技能、高技术服务为基础的增长。在整个世界范围内，随着以劳动为基础的生产向低成本地区转移，

---

① 李胜利. 顾客服务 [M]. 北京：民主与建设出版社，2002：22.

经济发达国家中的低技能、蓝领职位以惊人的速度消失。现在的经济发达国家，GNP 中来自高技能服务的百分比正在增长。以解决复杂问题、技术创新、创造性开辟新市场和开发新产品或提供新服务的知识形式，是这些领域成功的关键。"①

8.1.4　经济服务的融合化

经济服务的现代发展出现了服务融合化的趋势，即不同服务行业之间、不同服务活动之间相互渗透、相互融合，界限日益模糊。由于经济服务是一种满足人的需要的无形性经济活动，经济服务生产者为了满足经济服务消费者多方面的需要，必然在同一服务对象身上开展不同的服务，并力求使消费者得到高层次的体验；同时，由于服务的技术化，经济服务的发展必然走向重叠与聚合，出现融合化的趋势。如美国加利福尼亚 Orange 郡的一个奔驰汽车代理商，在内部设有咖啡厅、儿童娱乐区、休息室和一片绿草地。他们还将休息室予以划分，顾客既可以选择在一处读书，也可以到另一处去看电视；不列颠航空公司为其长途客机的每个座位装配显示屏，以便于旅客（18 岁以上）在途中从事赌马、扑克、二十一点、轮盘赌等游戏活动。我国一些大城市的公交车上也开始装设空调并播放歌曲、音乐、相声、笑话等娱乐节目，倡导"乘车也是娱乐"的服务消费理念；美国的通用电影院推出"溢价影院"服务，为顾客提供配有俱乐部椅和服务生服务的豪华单间，还有属于个人的独立洗手间，而价格仅比普通票多花几美元。Time Warner 有限公司的豪华影院，配有可爱的座位、环绕四周墙壁的银幕、数字音响和豪华奢侈的休息室等设施。当然，影院在吸引部分过夜顾客的同时，旅馆也在通过提供内部影视节目而从影院抢走顾客。② 这些都反映了经济服务活动

---

① ［美］达尔·尼夫. 知识经济［M］. 樊春良，等译. 珠海：珠海出版社，1998：18.
② 马白玉，何会文. 机遇与挑战并存的服务经济［J］. 环渤海经济瞭望，2003（4）：8 - 10.

过程中的不同服务内容和方式之间的融合，并显示出经济服务发展过程中的伦理韵味。

总之，经济服务的现代发展逐渐呈现出社会化、技术化、知识化和融合化的趋势。这种趋势在推进服务经济和现代市场经济发展的同时，也不断推动人的发展。随着现代市场经济的深入推进，这种发展趋势在展现经济和技术等物质因素的同时，也越来越凸显出伦理道德等人文因素，伦理服务精神日益渗透到经济服务的现代发展过程中。

8.2　经济服务伦理的现代转型

在经济服务的现代理论和实践当中，人们已经普遍意识到伦理道德在经济服务过程中的重要地位和作用，深刻地认识到人性化、伦理化的服务是经济服务应追求的境界。卡尔·阿尔布瑞契特（Karl Albrecht）和让·詹姆克（Ron Zemke）在《服务经济——让顾客价值回到企业舞台中心》一书中就预言："随着时代的进步，创造消费者价值将变得越来越重要。……在不远的将来，我们会重新看到服务、价值创造和人性化商务活动的内涵。焦点又重新回到对人的关怀上来。"① 经济服务的现代发展之所以出现了新的伦理特点，之所以越来越受到人们的关注，是有着深刻的根源的。从根本上说，经济服务本身的现代转型推动了经济服务的伦理新发展。因为传统的经济服务理论和方式已不适应经济服务现代发展的伦理新要求，传统经济服务方式的弊端引发了经济服务本身的现代转型，从而直接推动了经济服务的伦理新发展。

有学者经过研究发现，有关传统经济服务的思想大致可分为如下两

---

① ［美］卡尔·阿尔布瑞契特，让·詹姆克. 服务经济——让顾客价值回到企业舞台中心［M］. 唐果，译. 北京：中国社会科学出版社，2004：序言.

个学派：第一个学派探讨旅馆和银行这类服务业的服务管理。这个学派使我们了解服务的生产与营销。他们对由人执行的服务与"服务同等物（Service equivalents）"做了明确的划分。服务同等物系指操作手册、自我诊断电脑以及录像带训练课程这类能取代"人对人的服务"的东西；第二个学派是客户服务传统主义者。他们着眼于与典型制造公司有关的少数几种活动——产品流通之规划、赊贷政策之拟定、订单流程之设计、发货与发票之开具以及对负责处理客户抱怨的人员实施训练。[①] 显然，以上关于经济服务的两个学派及其相关的传统经济服务方式都具有片面性，都没有全面地、正确地理解经济服务的内涵。经济服务不仅需要遵守一定的经济规则，更需要遵循一定的伦理法则，物化的东西永远无法取代"人对人的服务"，无法给予消费者个性化的服务，诚如科学哲学家亚瑟·克拉克（Arthur C. Clarke）所说："任何能被电脑所取代的服务人员，都将被取代。"[②] 传统的经济服务理论和服务方式由于人文精神的缺乏而越来越不适应经济服务的现代发展。

20世纪80年代以来，以美国学者为首的西方经济服务理论研究者们开始着眼于"以顾客为中心"和"顾客服务"，逐渐认识到经济服务必须重视伦理道德和卓越的服务精神。1982年，被称为美国工商管理"圣经"的《追求卓越》（In Search of Excellence）一书出版，作者托马斯·彼得斯（Thomas Peters）和罗伯特·沃特曼（Robert H. Waterman）总结出以服务为主的优秀企业共同的八大属性：崇尚行动、贴近顾客、自主创新、以人助产、价值驱动、不离本行、精兵简政、宽严并济。他们强调："大多数的经理已不注意经营的基本原则，我们认为，如果没有包括快速行功、满意的顾客服务、实际性创新这些原则，如果没有员

---

① 林涛. 客户服务管理［M］. 北京：中国纺织出版社，2002：1-2.
② ［美］卡尔·阿尔布瑞契特，让·詹姆克. 服务经济——让顾客价值回到企业舞台中心［M］. 唐果，译. 北京：中国社会科学出版社，2004：序言.

工的奉献，我们做不成任何事情。"① 从彼得斯和沃特曼所创导的经营服务理念中我们不难看出，"以人为中心、服务顾客"的伦理精神贯穿其中。1985 年，阿尔布瑞契特和詹姆克撰写的《服务经济》（*Service America in the New Economy*）一书出版，该书倡导"顾客中心"的服务管理理念，此后，"顾客服务"运动开始风行美国。正如作者后来所指出的："商业界怀抱着无比热情接受了服务管理的理念，并把它当作是极具竞争力的武器。"② 然而，这股潮流并未持续太久，20 世纪 90 年代以来，"以顾客为中心"的热潮逐渐开始降温。在这种背景下，2002 年，《服务经济》一书再版，书中阿尔布瑞契特和詹姆克系统地论证了将顾客价值请回企业舞台的中心的重要性和必然性，并告诉了我们如何在以科技为本的全球新经济中，争取并且留住顾客的技巧。总之，经济服务理论的发展过程逐渐确认了"以顾客为中心"以及重视"顾客价值"的伦理服务理念在经济服务中的重要地位，经济服务理论的这种现代转型成为经济服务伦理新发展的先导，它直接影响着经济服务实践的伦理发展。

在经济服务实践界，特别是西方，由于受到《追求卓越》这本畅销书的感染以及《服务经济》所倡导的"顾客中心"的服务理念的影响，越来越多的服务公司开始意识和领略到服务管理艺术的精髓，"成千上万的高阶层主管都认定'接近顾客'是提高顾客满足感，最终提高销售与盈余的唯一法宝。对他们来说，要讨好客户就要改变公司的文化，使每位员工都把客户放在第一位。"③ 然而，随着新经济时代的来临，经济服务的实践发展并没有人们想象的那么顺利和美好，情况似乎是顾客价值和伦理关怀离我们越来越远。正如有学者所指出的："经济

---

① ［美］托马斯·彼得斯，罗伯特·沃特曼. 追求卓越：美国优秀企业的管理圣经［M］. 戴春平，等译. 北京：中央编译出版社，2000：16.

② ［美］卡尔·阿尔布瑞契特，让·詹姆克. 服务经济——让顾客价值回到企业舞台中心［M］. 唐果，译. 北京：中国社会科学出版社，2004：1.

③ 林涛. 客户服务管理［M］. 北京：中国纺织出版社，2002：2.

发展的确是越来越快，但顾客得到的被关怀的感觉，却未必越来越多了；经济的确越来越'虚拟'了，但所创造的顾客价值，恐怕也越来越'虚拟'了。在这个企业花重金打造一条'电子鸿沟'的新经济时代，顾客和活生生的服务人员也距离越来越遥远了，先进的技术外衣下，隐藏着的却是冷漠。"①

事实上，新经济时代的到来确实对经济服务伦理的发展带来了极大的挑战，顾客价值、服务精神似乎已经被数字科技的浪潮所淹没。诚如阿尔布瑞契特和詹姆克所指出的：医学科技使医院受益匪浅却仍然因为诊断、治疗和用药方面的失误而使众多病人流失；银行急于将顾客"数字化"以降低劳动成本和实现规模经济，然而大多数消费者已不再像以往那样视银行为服务性商务；许多大公司已经摒弃了服务于大众的各种形式的美丽外衣——当你打电话到大公司，你能得到的只是各种语音选项；数字鸿沟将顾客和活生生的服务人员隔离开来，并使得服务竞争演变成一场毫无伦理色彩的服务软件的对抗；电子商务的风行只是证明了许多科技人员对于和真人打交道这类麻烦事的厌烦。② 这种在服务方式上墨守成规，无视消费者价值的行为代价惨重：顾客将企业视为无名字、无个性、无情感的标准机器人。因此，我们应当明确，"电脑或许能节省顾客的时间，却永远无法给予顾客个性化的服务——只有人才能做到这一点"③。尽管科技已经成为经济服务发展最重要的推动力之一，但它不可能完全代替人所从事的服务性工作。技术并非卓越服务的替代品，它只是经济服务发展不可或缺的一个组成部分。从另一个角度来看，在新经济社会，由于生产力的极大提高，短缺经济走向过剩经济，人们的物质需求的满足进入缓慢增长，并且进入消费成熟的理智消费时

① ［美］卡尔·阿尔布瑞契特，让·詹姆克. 服务经济——让顾客价值回到企业舞台中心［M］. 唐果，译. 北京：中国社会科学出版社，2004：253.

②③ ［美］卡尔·阿尔布瑞契特，让·詹姆克. 服务经济——让顾客价值回到企业舞台中心［M］. 唐果，译. 北京：中国社会科学出版社，2004：序言.

代，以人为本、以改善生活质量为目的的服务需求持续增长，世界经济必然将由物质驱动走向服务驱动，服务将成为新经济社会的典型特征。由此看来，新经济时代为经济服务伦理的发展既提出了挑战又提供了机遇，经济服务主体应当充分认识到"顾客价值"的重要性，始终坚持"以人为中心""服务顾客"的伦理发展方向，只有这样才能适应新经济和科学技术的发展变化。正如有学者所指出的："新经济无论其形式上有多'新'，仍然是人类对传统经济需求的派生需求"，"发展'新经济'本身并不是最终目的，发展新经济最终还是为了提高传统经济的效益，挣开资源稀缺性的'瓶颈'约束，从而更好地达到为'人'服务这一根本目标"。① 总之，随着科学技术的发展和新经济时代的来临，经济服务也随之渗透到社会生活和生产的各个领域。有学者甚至认为"新经济"实际上就是服务经济。哈佛商学院教授西奥多·李维特（Theodore Levitt）认为，随着我们对服务认识的深入，服务性行业和非服务性行业的区别将日渐缩小、模糊。他曾这样写道："再也没有所谓的服务产业了，只有不同产业之间服务所占比重大小的区别。每个人都在从事服务工作。"② 显然，经济服务的概念越来越广泛和复杂，经济服务必须向现代转型才能适应这种发展要求。经济服务的现代转型以传统的、经验的服务向精神服务、个性化服务以及创新服务的转变为标志，集中体现了经济服务伦理现代发展的新特征。

8.3　经济服务伦理的新发展

随着经济服务发展的现代转型，精神服务、个性化服务以及创新服

---

① ［美］卡尔·阿尔布瑞契特，让·詹姆克. 服务经济——让顾客价值回到企业舞台中心［M］. 唐果，译. 北京：中国社会科学出版社，2004：251 - 252.

② ［美］卡尔·阿尔布瑞契特，让·詹姆克. 服务经济——让顾客价值回到企业舞台中心［M］. 唐果，译. 北京：中国社会科学出版社，2004：14.

务在经济服务实践中日益凸显，正是经济服务的精神化、个性化和创新性集中体现了经济服务现代发展的伦理新特征。特别是在现代信息和网络技术迅速发展的背景下，精神服务、个性化服务以及创新服务越来越显示出其伦理价值和意义，它们相互联系、相互促进，共同推动着经济服务的伦理新发展。

8.3.1 精神服务：经济服务伦理新发展的内在要求

伦理道德是人类掌握世界的一种实践精神。马克思指出，人类除了用理论思维这种方式掌握世界外，还有"对于世界的艺术精神的，宗教精神的，实践精神的掌握"①。道德是一种社会意识，因而也是一种精神现象。但道德作为精神又不同于科学、艺术等其他精神现象，而是以形成人们"应当"的行为方式为内容的精神，因此它又是实践的。伦理道德作为一种实践精神反映在经济服务活动中就表现为一种伦理服务精神，这种伦理服务精神是经济服务生产者掌握经济服务生产的一种特殊方式，它在经济服务发展进程中的意义和价值越来越凸显，以至于成为经济服务伦理新发展的内在要求。

根据社会生产理论，物质生产和精神生产是人类社会生产实践活动的最基本的两种形式。经济服务作为一种社会实践活动也可以分为物质服务活动和精神服务活动两种基本形式。物质生产是人们谋得物质生活资料的活动，是人们存在和延续的基础。所谓物质服务，是指经济服务生产者为了满足经济服务消费者的物质需要所提供的服务活动，其目的是使服务对象能够获得经济上的实惠和物质上的满足，如给服务消费者提供物美价廉的服务产品和良好的产品售后服务等。物质服务是由人和物的关系形成的，在客观上能够以一定的标准确认它的存在，如提供降价商品的服务、自动售货服务、便利的交通和通信服务等等。物质服务

---

① 马克思恩格斯选集（第2卷）[M].2版.北京：人民出版社，1995：19.

是经济服务的最基本的方面，也是经济服务主体获得效益的基本要求。

所谓精神生产，是指"思想、观念、意识的生产"①，是人们谋得精神生活资料的活动。关于精神生产及其理论，马克思有着相当丰富的论述。精神生产是历史唯物主义的重要范畴，马克思的精神生产理论是唯物史观的重要组成部分。然而，由于种种原因的局限，马克思的精神生产理论没有得到应有的重视。在当今知识经济、服务经济的新时代，精神生产、精神服务在社会发展中发挥着越来越大的作用。所谓精神服务，是指经济服务生产者为了满足经济服务消费者的精神需求所提供的经济服务活动，其目的是使服务对象能够获得精神上的享受和愉悦。精神服务是由服务生产者与服务消费者的关系形成的，它内涵于服务者对被服务者的行为当中，包括动作、表情、语言等。精神服务同由人与物的关系而形成的物质服务有着本质的区别，在客观上往往难以一定的标准对它作出评价，因为精神服务的评价经常涉及被服务者的主观感受和情绪。"对顾客十分殷勤的动作和对话，可能博得人们'好'的评价或'不好'的评价，也许有人压根就'没有注意到'。此外，对顾客毫不殷勤的动作和对话，顾客有时也有可能作出'好'的评价。""在人与人之间的交往中，何谓良好的服务，这是因人、因时、因地而有所不同的。"② 精神服务是经济服务的另一个有机的组成部分，是经济服务主体提高服务效益的重要手段，也是经济服务具有道德价值、走向卓越境界的重要表现和途径。据 2001 年 9 月 20 日《报刊文摘》报道，家政学博士周晓虹在谈到精神服务时说："在国外的一家普通的旅馆内，我因为习惯将枕头垫得高一些，便将另一张铺上的枕头拿到自己的床上。让人意外的是，第二天晚上我的床上就多了枕头——不曾谋面的服务员仅凭一只枕头就判断出了客人的习惯、喜好，并且做得如此周到熨帖而不

---

① 马克思恩格斯选集（第 2 卷）[M]. 2 版. 北京：人民出版社，1995：72.

② [日] 前田勇. 服务学 [M]. 杨守廉，译. 北京：工人出版社，1986：17.

动声色。这就是精神服务。"报道说，周晓虹博士回国后发现很多城市面貌一新，硬件设施也很上档次，有的甚至与国外相差无几。可是令人遗憾的是，服务水平却差得很远。"一次我和朋友一起坐车，途中，司机旁若无人吸起了香烟，我便对他说'请把你的烟灭了'，司机当时诧异地看了我一眼，也没说什么就把烟灭了，可是开车到一半路程的时候，他又打开了收音机听评剧，声音很大，我便对他讲'请关了收音机'，这时司机火了，'这个时间段的评剧我听了十几年了，今天你凭什么来管我'。我就对他说我所付的车费已经买下了从上车到下车这段时间内你的服务，现在是你为我们服务的时间，除了开车，你不可以做别的事，否则就是侵犯了我的权益。"周晓虹以此为例说："在国内一般人看来，出租车司机只要安全、准时地将客人送到目的地就行了，但这只是提供了一部分的服务，客人还有权利享受精神服务。"

精神是生命的意义，生命是精神的载体。人需要物质的完善服务，更需要精神的优良服务。出租车司机自己吸烟，算是"精神自我服务自我享受"，但对乘客来说，被动吸烟是精神虐待、健康摧残；出租车里听评剧，声震车内，对出租车司机自己是"精神享受"，而且"享受"了"十几年"，但对兴趣爱好各有不同的乘客来讲，偏偏是精神折磨。车子的舒适，不如身心的愉悦。而又有多少人想到、意识到"精神服务"的重要并付诸行动呢？缺乏"精神服务"的服务，是被抽去内核的服务，是物化的服务，是残缺的服务。这样的服务，是程式化、模式化、工具化的服务，缺乏人文关怀的和风、缺少人间关爱的天籁。这样的服务，缺损的就是一种内在的生气勃勃的精神。精神服务，并不是本身有多少的难度，其本身并不缺乏可操作性，精神服务无法到位的根本原因是服务方自己的"精神问题"。① 正如爱因斯坦所说："一切方法的

---

① 徐迅雷. 枕头与精神服务［J］. 唯实，2002（2）：77.

背后如果没有一种生气勃勃的精神，它们到头来都不过是笨拙的工具。"① 在经济服务过程中，物质服务是基础，精神服务是动力，应当把物质服务和精神服务有机地结合起来，这样才能达到最好的服务效果。当然，这种结合还要视不同经济服务活动中物质服务和精神服务的比重而定。一般来讲，不同的经济服务活动中，物质服务和精神服务所占的比重是不同的。比如生产服务和流通服务中物质服务的比重比较大，而消费服务，特别是餐饮、酒吧、旅游等服务中精神服务的比重就比较大。因此，各种经济服务活动的展开，应当视服务的不同性质而使物质服务和精神服务良好地配合起来，从而形成自己的特色。

然而，随着市场经济的不断发展，物质产品不断丰富，同类产品的质量也日益趋同化，精神服务的意义和价值越来越凸显，并呈现出向市场经济渗透的趋势。人们对服务好坏的评价则越来越集中于精神服务之上。"服务的好坏问题，主要发生在供求关系之中，发生在包括提供者和利用者这种人与人关系在内的事态之中。而且可以说，利用者对介于服务之中的人与人关系的评价，一旦对整个交易（提供服务）或提供者本人的评价产生影响，就具有重要的意义。""进一步说服务是在具体的场合下人们相互作用的问题。从本质上讲可以认为，它对每个顾客都有个别的针对性。"② 因此，经济服务应当特别重视精神性服务的方面，应当重视经济服务过程中人与人的交往关系，加强服务者与被服务者的情感交流，形成一种相互信任的服务关系。市场经济不只是一种物质经济，更是一种蕴含精神服务的道德经济。现代市场经济中，人们追求物质利益与精神满足的统一，而人们内在的幸福感只能来自其心灵深处的感受，经济服务应努力为人们深层次的精神追求创造良好的条件与和谐的环境，在提供良好的物质服务的同时，应当尽量满足人们的精神

① 爱因斯坦文集（第三卷）[M]. 许良英，等编译. 北京：商务印书馆，1979：176.
② [日] 前田勇. 服务学 [M]. 杨守廉，译. 北京：工人出版社，1986：23.

上的需求，努力做好精神服务的生产。这不仅是现代市场经济的内在要求，也是现代市场经济和经济服务发展的必然趋势。

8.3.2 个性化服务：经济服务伦理新发展的突出特征

在经济服务的现代发展过程中，服务个性化是经济服务伦理发展的突出特征。所谓个性，是指"个体在一定的社会环境和教育模式下所形成的相对稳定的个人品格，个体在心理、行为、体质、性格、特长、兴趣、价值观等方面各不相同，这些差异造就了个性的不同"①。所谓个性化，是指使事物具有某种属性或某种趋势，它使事物个性凸现或张扬。而个性化服务，则是指针对不同服务消费者采用不同服务策略和提供不同服务内容的经济服务模式。人们常说的"因材施教""量体裁衣"就是个性化服务在教育服务和裁缝服务中的运用。个性化服务是相对于标准化服务而言的。所谓标准化服务，是指服务者按照一定的服务规范、标准和程序，将自己的服务技能和技巧充分展现在整个经济服务过程和环节之中的一种服务模式。与标准化服务强调规范和程序、注重整体形象和效益不同，个性化服务则强调服务的针对性和灵活性、提倡发挥服务者的主观能动性、注重情感投入和人文关怀，因而具有丰富的伦理道德内涵和道德价值。同时，不同于传统的、被动的、守株待兔似的经济服务模式，个性化服务是主动的、交互式的服务，它需要把握每个消费者的个人偏好，掌握消费者的个性特征，只有这样才能针对消费者的特殊需求"对症下药"。一般说来，个性化服务包括：服务时空的个性化，即在消费者希望的时间和地点得到服务；服务方式的个性化，即能根据消费者个人的爱好或特色来进行服务；服务内容个性化，即不再是千篇一律，而是各取所需。

---

① 陈雅，郑建明. 论网络环境下的信息个性化服务［J］. 新世纪图书馆，2003（1）：10－13.

那么，个性化服务是如何产生的呢？一方面，日趋激烈的市场竞争使得产品同质化现象越来越明显，经济主体为了在竞争中站稳脚跟、保持优势，其生产和经营必然从传统的"市场导向"模式转向"顾客导向"模式，这样，在经济服务活动中，个性化服务便应运而生；另一方面，经济服务质量检验标准的主观性以及由此而决定的经济服务品质的异质性，使得经济服务生产者必须为消费者提供个性化服务，以满足不同消费者的不同需求。经济服务质量的高低依赖于参与经济服务这一动态过程的所有生产要素的状况，如服务人员的素质、服务环境的优劣、服务设备的状况，甚至服务消费者的心境等。经济服务生产者为了适应经济服务消费者的这种需要必须应每个消费者需求的变化而变化，也就是要为消费者提供个性化服务。

在经济服务过程中，个性化服务有着十分重要的意义和价值。首先，个性化服务是经济服务伦理发展的方向。在展现个性、倡导创造力的新时代，个性化服务可以促使经济主体的服务活动朝着符合人性的方向发展，可以为人性发展提供广阔空间，为人类的自由全面发展开辟道路。德国著名伦理学家包尔生（Friedrich Paulsen）曾说过："所有的技艺根本上都服务于一个共同的目的——人生的完善。"① 经济服务的个性化能够促进人类自身的完善，而人类自身的完善实质上就是个人的全面发展，这里的"人"既是指个体的人，也是指人类整体，但最终指向个体。个人的全面发展是人的发展的理想目标和最佳状态，它是一个历史的范畴，始终要受到社会条件的制约，表现为一个人类社会实践的历史发展过程。也就是说，在不同历史条件下，它具有不同的目标、内容和要求。马克思就曾指出："个人的全面性不是想象的或设想的全面性，而是他的现实关系和观念关系的全面性。"② 在不同的历史时期，

① ［德］弗里德里希·包尔生. 伦理学体系 [M]. 何怀宏，等译. 北京：中国社会出版社，1989：7.

② 马克思恩格斯全集（第46卷下）[M]. 北京：人民出版社，1980：36.

个性化的经济服务活动总是以不同的内容和形式体现着经济服务主体的精神风貌，指引着经济服务主体走向卓越的服务境界，不断为个人的自由全面发展创造条件。我们知道，经济服务活动的主体是人，作为人的一种实践形式，人不仅是经济服务目标的确定者和经济服务模式的探索者，也是经济服务战略的指定者和经济服务责任与任务的完成者，人在整个经济服务活动中都居于主体地位。人的这种主体地位决定了在经济服务活动中，经济服务的个性化对个人的自由全面发展的决定性影响。其次，个性化服务是推动经济服务发展的强大动力，是满足消费者不同需求的服务，是培养个性、表现个性的服务。只有这样的服务才能真正满足消费者的需求，尤其是新时代人的全面发展的需求，只有这样的服务才能在经济服务现代发展的新时代浪潮中站稳脚跟。再次，经济服务主体把个性化的顾客以及他们个性化的价值取向作为经济服务的核心，能够造就顾客忠诚，赢得服务消费者的信任。因为消费者是千差万别的，他们的需求也是多种多样的，不同消费者的价值取向可能会有很大差别，例如，某些服务消费者希望自己获得更多的关注，而另一些服务消费者则倾向于获得情感和道德上的满足。而个性化服务能够最大限度地满足不同消费者的特殊需求，并逐渐形成"顾客联盟"，从而赢得消费者的忠诚和信任；最后，个性化服务能够引导经济服务主体走向卓越的服务境界。在个性化服务模式下，经济服务主体本着"顾客需要什么样的服务，我就生产什么样的服务"的理念，千方百计地满足消费者的特殊需要，与消费者建立长期而密切的联系，从而形成真正"以消费者为导向"的人性化服务。这种个性化服务充分体现对人性的尊重，是经济服务的较高层次，它能引导经济服务主体走向经济服务的卓越境界。个性化服务的开展和运用，不仅有利于满足消费者的个性化需求，赢得消费者的信赖，还能凸显服务者的个性，促进社会文明。个性化服务将经济服务活动中的德与情、技与艺相结合，融职业道德、商品知识、销售技巧、操作技能、情感交流于一体，它以人为核心，强调贴近人心、重视人的情感和心理上的满足等人的社会属性，是一种蕴含丰富的伦理道德意识的服务方式，是经济服务主体追求卓越服务的必由之路。

现代科学技术特别是网络技术的发展，使得经济服务个性化的趋势更加明显，网络成为经济服务个性化发展的强劲动力，网络技术的运用催生了网络个性化服务。所谓网络个性化服务，是指在网络中为不同的用户提供针对性的服务，是个性化服务在网络中的拓展，是个性化服务新的应用和发展领域。网络的开放共享、高效快捷的特性在个性化服务中得以充分体现。在网络个性化服务中，经济服务生产者与经济服务消费者不必面对面就可以实现远程的即时互动交流，并保持密切的联系。经济服务生产者可以根据每一位消费者的年龄、身份、职业、品位等个人特点和行为偏好等因素，因人而异地提供独特的、有针对性的服务。这种经济服务方式更加以消费者为中心，能够生产更符合消费者的需要的服务。当然，网络个性化服务也可能带来诸如保密和隐私、知情同意、服务者的道德责任等伦理问题。网络经济时代，个人隐私的泄露大多是网络服务提供商的责任。由于设备、技术和管理等问题，用户的个人信息无法得到切实有效的保障，信息成为某些人的生财之源。通过互联网，咨询者的个人信息资料极易被泄漏、传播和扩散出去。因此，随着网络咨询服务工作的深入开展，因咨询者的个人私密泄漏而引起的侵犯私密权之类的问题很难避免，这样，网络个性化服务中如何保护隐私就成为一个突出的伦理问题。但网络经济及网络个性化发展过程中出现的一系列伦理问题，又从另一个侧面显示了经济服务的伦理化发展。至于如何解决这些问题，我们这里不作深究，但可以说明的是，由于技术的两面性，网络经济作为一种高技术型经济不可避免地会引发一系列的伦理问题和危机，网络经济的发展不但需要技术的支撑，更需要伦理的滋润，适宜的伦理原则和服务精神是网络经济以及网络经济服务良性运作和健康发展的必备条件。总之，网络个性化服务是经济服务发展的无限空间，从高投入转向服务增值、知识增值，也是人类社会可持续发展的要求，这无疑具有丰富的伦理意蕴。而面对网络服务竞争，各经济主体应当从个性化服务、多样化服务中去寻找机遇。个性化的要求是无限的，基于个性化的经济服务的发展空间也是无限的。电子商务的最终发展空间也在个性化服务之中，经济服务的个性化使人类的经济活动朝着真正符合人性的方向迈进了坚实的一步。

在经济服务发展过程中，精神服务和个性化服务是相互联系、密不可分的，二者共同推动着经济服务的伦理新发展。精神服务是相对于物质服务而言的，而个性化服务则是相对于标准化服务而言的；精神服务是个性化服务的目的和主要内容，个性化服务主要是为了满足消费者的精神性需要；个性化服务是精神服务实现的基本手段和方式，个性化服务能够很好地满足消费者精神方面的不同需求。就像数字化产业中的代理有限公司（Agents Inc.）开发的一种被称为"萤火虫"（firefly）的产品，这种个性化产品能够迅速地满足消费者的各方面的精神需求。"萤火虫"起源于在麻省理工进行的 E – mail 分拣研究工作，它会向成员分派一个智能代理软件。这个代理软件学习用户喜欢和不喜欢的东西，并向他们提供个人化的推荐。用户可以通过操纵他们的代理软件发现在"萤火虫"社区里与他们有着共同音乐爱好的其他用户，并通过实时聊天和一对一发送消息与他们进行交流。通过对那些有着相近音乐品位的消费者的音乐兴趣进行比较，这个代理软件会建立潜在消费者也会喜欢的个性化音乐和电影推荐。①

随着社会经济的发展，人们生活需要的多样化，经济服务活动中一般的热情服务、微笑服务已经不能满足消费者多方面的需求，更高层次的服务是满足消费者的心理需求和情感需求。随着需求层次不断提高，越来越多的消费者除了强调基本的服务产品带来的满足外，更注重精神

---

① ［美］查克·马丁．公平竞争不是梦［M］．胡琛，等译．上海：上海远东出版社，1998：87.

和道德感的满足。从消费者的角度来看，可以说现代经济服务就是理性服务、情感服务和道德服务并存的服务。因此，不断满足消费者发展体力和智力方面需要的精神服务、个性化服务等富含人文意蕴的服务方式，将是经济服务现代发展的伦理趋势。

8.3.3　创新服务：经济服务伦理新发展的内在动力

创新是一个当今社会生活中出现频率较高的字眼。当今时代是知识经济、服务经济时代。创新是知识经济的灵魂，是服务经济发展的源泉和动力。作为一种思想观念和在这种观念指导下的实践活动，创新涉及人类社会生活的方方面面。人类从远古到现代的发展历史实际上就是一部创新的历史。创新不仅表现在知识、技术、制度、文化等方面，而且表现在服务上面，当今社会不仅需要知识的创新、技术的创新、制度的创新、文化的创新，而且需要服务的创新。在经济服务活动中，创新服务是经济服务发展的内在动力，是经济服务主体表现在服务活动中的一种伦理精神。

在创新思想发展史上，第一次提出完整的创新理论的是美籍奥地利经济学家熊彼特（Joseph A. Schumpeter）。他指出，人类的经济活动是不断发展的，其发展的根本原因在于作为经济主体的企业家持续不断的"创新"。所谓"创新"是指"生产手段的新组合"，即"意味着以不同的方式"把生产的"原材料和力量重新组合"。① 这种组合包括五种情况：（1）采用一种新的产品；（2）采用一种新的生产方法；（3）开辟一个新的市场；（4）获得一种原料或半制成品的新的供给来源；（5）实行一种新的企业组织形式，比如造成一种垄断地位或打破一种垄断地位。显然，熊彼特所谈论的创新主要是经济创新特别是

① ［美］约瑟夫·熊彼特.经济发展理论——对于利润、资本、信贷、利息和经济周期的考察［M］.何畏，等译.北京：商务印书馆，1990：73.

企业创新，其中包括产品创新、技术创新、市场营销创新、组织创新等种类，但其重点则是技术创新。

随着市场经济的发展，新制度经济学家们深入探讨了制度创新问题。新制度经济学家拉坦（Vernon W. Ruttan）指出："制度创新或制度发展一词将被用于指（1）一种特定组织的行为的变化；（2）这一组织与其环境之间的相互关系的变化；（3）在一种组织的环境中支配行为与相互关系的规则的变化。"① 新制度经济学的代表人物科斯（Ronald H. Cosse）在其经典论文《论企业的性质》中认为，企业（组织）是为了节约市场交易费用而产生和存在的。为节约交易成本，企业必须依据实际情况变更产权制度。② 因此，其制度创新主要是指产权制度创新和企业组织创新。而科斯的追随者威廉姆森（Oliver Williamson）则对组织创新作了深入探讨，他在《现代公司：起源、演进、特征》一文中认为，节约交易费用是组织创新的原动力，组织创新应遵循资产专用性、外部性、等级分解三项原则进行。③ 应该说，新制度经济学的研究成果开创了创新理论的一个全新领域，并深化了创新理论的研究。

对于创新的种类，人们可以从不同的角度进行不同的概括。如根据人的活动领域，可以将创新分为经济创新、政治创新、文化创新；根据哲学关于世界的划分标准，可以把创新划分为物质创新和精神创新。俞可平先生根据对社会进步所起的作用，把创新划分为知识创新、技术创新和制度创新等。④ 黎红雷教授把创新划分为技术创新、制度创新、管理创新。⑤ 笔者认为，随着服务业以及服务经济的快速发展，服务创新

---

① ［美］拉坦，等. 财产权利与制度变迁——产权学派与新制度学派译文集［M］. 刘守英，等译. 上海：上海三联书店，上海人民出版社，1994：329.

② Coase R. The nature of the firm［J］. Ecomomica，1937，4（3）：386－405.

③ Williamson O. The modern corporation：origins，evolution，attributes［J］. Journal of Economic Literature，19（4）：1537－1568.

④ 俞可平. 创新：社会进步的动力源［J］. 马克思主义与现实，2002（4）：30－34.

⑤ 黎红雷. 人类管理之道［M］. 北京：商务印书馆，2000：354－362.

也应当成为创新的一个重要方面，而创新服务就成为经济服务现代发展的一个重要特征，它也成为经济服务伦理新发展的内在动力。

所谓创新服务，是指经济服务主体为了适应社会经济发展和满足人们的生产和生活服务需要而不断创造新内容和新方式的多元化、高效益的服务活动过程。综合创新种类的划分，我们把创新服务划分为知识创新服务、技术创新服务、制度创新服务和文化创新服务四个方面。

知识创新服务是指理念创新、意识及方法创新的服务，其直接结果是服务知识的增长即新的服务概念范畴、服务理论、服务理念、服务意识和服务方法的产生；技术创新服务是指改进、发明与创造技术的服务，其直接结果是服务技术的进步，服务生产力发展水平的提高和社会经济财富的增长；制度创新服务是指社会政治服务、经济服务等制度的革新，其直接结果是服务主体的创造性和积极性的激发，服务对象的合理安排及服务的进步和发展；文化创新服务是指经济服务主体价值观念、行为准则等文化条件和氛围创新的服务，其直接作用是为经济主体的创新服务提供道义性支撑和辩护力量。

知识创新服务、技术创新服务、制度创新服务和文化创新服务的关系是相互联系、相互依赖、相辅相成的。知识创新服务、文化创新服务是技术创新服务和制度创新服务的理论前提和精神基础，没有知识创新服务和文化创新服务，没有新的理念意识、科学方法和文化条件作先导，技术创新服务和制度创新服务就成了无源之水、无本之木，不仅不能推动经济服务的进步，有时甚至效果适得其反，对经济服务进步起破坏和阻碍作用。技术创新服务是知识创新服务、制度创新服务和文化创新服务的物质条件，没有技术创新服务，知识创新服务、制度创新服务和文化创新服务就无所依托而失去实践意义。制度创新服务和文化创新服务为知识创新服务和技术创新服务提供环境支撑，没有制度创新服务和文化创新服务，知识创新服务和技术创新服务就会历尽艰辛与曲折，甚至可能流于空谈、归于失败。文化创新服务不仅是知识创新服务、制度创新服务和技术创新服务的条件，而且在很大程度上就表现为知识创新服务和技术创新服务。总之，四者是相辅相成的，缺乏其中任何一种，其他形式的创新服务都可能流产，达不到推动经济服务发展和实现卓越服务的理想效果和目标。

从创新服务对经济服务发展的影响和作用来看，在创新服务中，技术创新服务是经济服务发展的"硬件"，知识创新服务、制度创新服务和文化创新服务则是经济服务发展的"软件"，软硬结合共同构成经济服务伦理新发展的内在动力，推动着经济服务走向卓越服务的境界。

其一，知识创新服务是激发经济服务主体进行创新服务的精神动力。在知识创新服务中，最关键、最重要的是理念创新。理念创新可以改变经济服务主体的服务方式，激发经济服务主体的创造热情。作为人类的为达到一定目的而进行的社会交往实践活动，经济服务是一个由服务主体、服务客体、服务关系、服务理念等组成的系统，组成经济服务系统的各种元素或子系统之间是相互作用的。因而经济服务活动必定是在一定的服务理念和意识的支配和指导下进行的。正如恩格斯所说："就单个人来说，他的行动的一切动力，都一定要通过他的头脑，一定要转变为他的意志的动机，才能使他行动起来。"① 经济服务主体具有什么样的创新理念和创新意识，决定着他采取什么样的服务行为和开展什么样的服务活动。如果经济服务主体墨守成规、故步自封、僵化保守，那么其经济服务实践必然是因循守旧、教条主义的；相反，如果经济服务主体思想解放、实事求是，勇于开拓、创新进取，那么其经济服务实践必定是充满创造热情、生动活泼的。理念创新在经济服务过程中的具体表现就是经济服务主体思想的解放和观念的更新。解放思想、更新观念是知识创新的基础和前提。只有思想解放了、观念更新了，人们才能提高对知识创新的意义和价值的认识，服务创新才有可能。解放思

---

① 马克思恩格斯选集（第4卷）［M］.2版.北京：人民出版社，1995：251.

想和更新观念是两位一体的，只有做到解放思想，才能实现观念更新，观念更新是思想解放的直接体现。理念创新在经济服务创新中具有很重要的意义。就我国的现状来看，除个别企业外，大部分行业的服务理念多停留在"产品就是服务"的认识阶段，思想上没有彻底解放，观念没有完全更新，服务理念也就没有实现根本转变和应有的创新。国外已经进入了"服务就是产品"的认识阶段，已经把服务作为产品的一部分，而把服务定义为创新服务。把服务看作产品，使其具有生命周期，拥有了这种服务理念，才能形成创新服务的动力。把服务作为产品，随时适应顾客需求的变化而更新，这才是创新服务的真谛。如我国著名的海尔集团，其成功的秘诀主要在于创新，而其创新中，首先是做到理念的创新和观念的更新。在海尔，服务不是产品的补漏，而是另外的一种新产品，服务不是"事物"而是"业务"。海尔把服务定位成一种产品，既然是一种产品，就会有生命周期，到了生命周期没有创新，这种产品就没有竞争力。海尔的服务之所以做得这么好，就是在服务是产品的理念指导下，注意研究产品服务过程的每一个环节，并以市场化的视角寻求服务理念的创新与服务方式的变革，不间断的打造自己服务的核心竞争力。① 海尔在管理过程中，首先"提出理念与价值观"，然后"推出典型人物与事件"，最后"在理念与价值观指导下，制定保证这种人物和事件不断涌现的制度与机制"，这就构成了"海尔管理三步曲"。观念创新方面，他们在服务质量上提出"有缺陷的产品就是废品"的服务质量观念；在市场管理上提出"自己做个蛋糕自己吃"的市场创新观念；在服务营销上提出"顾客永远是对的""真诚到永远"的服务营销观念等等。② 正是首先有了理念的创新和观念的更新，才有整个服务的创新，才有海尔的巨大成功。

① 许庆瑞, 吕飞. 服务创新初探 [J]. 科学学与科学技术管理, 2003 (3)：34-37.
② 高贤峰. 海尔模式：制度与文化结合的典范 [J]. 山东经济, 2001 (3)：58-60.

其二，技术创新服务是经济服务发展的决定性力量。创新理念毕竟还只是停留于经济服务主体头脑中的意识，它要转化为物质力量，对经济服务发展起推动作用，必须通过经济服务实践，特别是技术创新服务实践。技术创新是联结服务理念创新与经济服务发展的桥梁。经济服务主体只有把创新理念灌注于服务实践，使它转换成新的服务方法和手段，用以改造服务过程，创新理念才能实现其价值和意义，从而推动经济服务的发展和进步。正如恩格斯所言：如果说"技术在很大程度上依赖于科学状况，那么科学却在更大得多的程度上依赖于技术的状况和需要。社会一旦有技术上的需要，这种需要就会比十所大学更能把科学推向前进"①。

技术创新服务的具体表现就是经济服务主体不断地改进和发展服务技术，提高服务水平，增强服务竞争力。众所周知，技术创新能够极大地推动经济的增长，增强企业的竞争力，是人类财富之源，企业竞争取胜之道，同样，技术创新服务也是增强经济服务主体竞争力，推动经济服务发展的根本动力。从某种意义上说，创新服务就是技术创新的服务。经济服务主体要在竞争中处于不败之地，必须不断提高自身的服务技术，以增强自身的实力。特别是在现代科技条件下，经济主体尤其是企业，必须"在科学技术最新进展的基础上，将最新的科技成果不断应用于企业的产品、工艺、管理、经营、服务诸方面的创新活动上，即基于现代科技成果进行创新"，这种基于现代科技成果的创新服务"是促进企业基于市场需求、客户需要乃至社会可持续发展的需要进行创新的最有效的手段"。② 现代信息技术亦为经济服务发展提供了创新的有力工具，极大地推动了服务技术的进步。互联网的发展，电子商务的兴起，改变了服务的传递方式，使服务创新技术向网络信息化方向转变。

① 马克思恩格斯选集（第4卷）［M］.2版.北京：人民出版社，1995：731-732.
② 毛世英.企业服务哲学［M］.北京：清华大学出版社，2004：99.

现代顾客及其消费需求的变化则需要企业提供更快捷、更方便的个性化服务，而市场竞争的变化则要求企业能着眼于差异化的服务竞争，不断改进服务技术，推出新的服务产品。企业只有不断地改进和发展服务技术，提高服务水平，才能适应消费者的需求和市场竞争的需要。海尔集团在技术创新服务方面善于发现企业与竞争者的差异，并根据这些差异以不同于竞争者的方式不断进行产品开发和技术创新，使其产品更加多样化，结构上更加合理安全，效用上更加符合服务对象的偏好和需求。海尔在推出"小小神童"洗衣机后，市场上很快就出现了仿造产品，对此，海尔并没有去花费很多的时间、精力打官司，而是将精力集中在创新产品和服务上。很快海尔开发出第二代产品，紧跟着又开发出第三代、第四代……直至第九代产品。① 正是这样不断进行产品和技术的创新服务，海尔保持了良好的服务效益和旺盛的生命力。

其三，制度创新服务直接推动经济服务的变革。经济服务变革直接表现为经济服务制度的更替。从一种形态的服务到另一种形态的服务，最终体现为一系列的服务制度变迁。如农业经济时代、工业经济时代和知识经济时代服务制度都是不一样的。农业经济时代的服务制度以劳动力资源的占有、支配和使用为中心；工业经济时代的服务制度以自然资源的占有、支配和使用为主要依托；知识经济时代的服务制度则以智力资源的占有和配置为首务。所以，服务变革实际上表现为服务制度创新的过程。当今时代，经济发展的"服务化"倾向日益明显，产业的服务化与服务的产业化已成为现代经济发展的趋势。但就我国而言，经济服务发展与发达国家相比仍存在明显差距。因此，在经济服务发展过程中，我们应该认真研究如何建立和完善经济服务的制度创新体系，从而有助于经济服务的变革和进步。

制度创新是创新服务的根本保证，如果观念更新了，技术发展了，

---

① 毛世英. 企业服务哲学［M］. 北京：清华大学出版社，2004：100.

但没有相应的制度保证实施，所谓创新服务仍然不能实现。在现代市场经济条件下，制度创新服务的显著表现就是超级市场经营、连锁经营等形式。制度创新服务有两个特点：第一，增加了服务消费者在经济服务过程中的参与程度；在消费者参与程度提高的情况下经济服务本身与消费者直接接触的劳动参与程度下降，这就大大地提高了经济服务的劳动生产率。提高经济服务消费者参与程度的方法主要有两种，一种是把与消费者的需求目的不直接相关的活动由服务人员的劳动转为消费者自己的活动，如超级市场、自助餐等；另一种是将相关的服务用机器代替而由消费考自己去使用机器。这些创新的本质是将过程化服务产品化；并使服务更具有"自我服务"的性质。另一方面，则是大大提高了服务的劳动生产率。这种生产方式创新的前提是服务本来就是"商品化服务"或者是个性化不强的"过程化"服务，即服务消费的目的倾向于服务消费结果；否则难以实现，如医生的服务就不能实行这种创新（在目前的技术水平是如此）。第二，提高了服务的"标准化"程度。"标准化"是个性化的反面，服务实现了标准化也就同时失去了个性化。如饮食业的连锁经营方式就是服务的标准化经营方式，这种标准化不仅是经营场地装修、服务人员的服装、服务的标准化，还包括所提供的食品的标准化，这样它的个性也就失去了，例如麦当劳的每一个面包从式样、大小到味道都是相同的。有些服务劳动是非个性化的劳动，一旦这种劳动方式固定下来以后它们就变成"标准化"的模式，就具有了机器替代的可能。当然，由于服务本身的特点，它的不同于商品的特性，服务是不能完全"标准化"的。经济服务的制度安排往往就在服务的个性化与"标准化"之间进行权衡。但一个基本的趋势是肯定的，那就是经济服务的"标准化"程度将越来越高。[①] 因此，在制度创新服务方面，经济服务主体特别是企业应当建立以消费者为导向的服务提供机

---

① 黄少军. 服务业与经济增长［M］. 北京：经济科学出版社，2000：138.

制，完善经济服务领域的制度创新机制，努力提高经济服务的劳动生产率，并积极发展经济主体之间的服务协作机制，树立经济服务的责任机制，这样才能推动经济服务的变革和发展。

其四，文化创新服务是经济服务实现创新的重要条件。文化创新服务的具体表现就是服务文化的培育和服务形象的再造。所谓服务文化是"以服务价值观为核心，以创造顾客满意、赢得顾客忠诚、提升企业核心竞争力为目标，以形成共同的服务价值认知和行为规范为内容的文化"，它"是一个体系，是以价值观为核心，以企业精神为灵魂，以企业道德为准则，以服务机制流程为保证，以企业服务形象为重点，以服务创新为动力的系统文化"。① 文化是服务之根、服务之魂，是服务的一种境界。服务文化本身就是一种力量，它是一种凝聚力、导向力、激励力、纽带力，对经济主体的自身的发展起着内在的驱动作用，发挥着凝聚功能、导向功能、激励功能和纽带功能。实际上，经济服务者向服务消费者提供的不仅仅是优质的产品和服务，更重要的是倡导一种新的服务文化和一种新的服务形象。服务文化的培育和服务形象的再造是经济服务实现创新的重要条件，经济服务的创新过程往往最终归于服务文化的培育和服务形象的再造，即往往最终通过文化创新服务表现出来。

要实现文化创新服务就必须培育服务文化，塑造服务形象。美国著名的企业管理思想家迈克尔·汉默（Michael Hammer）曾指出："一个组织不只是一系列产品和服务的组合，它同时也是人文团体，像其他社会团体一样，培育了特殊的文化形式。"② 这就是说，任何组织（包括服务性组织）都有自己的文化即共享价值观、精神信念和行为准则等。但是，在创新服务中，任何服务文化形成后都不是一成不变的，它必须适应创新服务，进行自身的文化创新和服务形象塑造。因此，培育服务

---

① 陈步峰，杨文清，吴丽霞. 服务文化：全球竞争的通行证 [J]. 有色金属工业，2004 (5)：52 - 53.

② ［美］汉默. 新组织之魂 [J]. 胡苏云，译. 国外社会科学文摘，1998 (4)：26 - 28.

文化，塑造服务形象不仅是创新服务的重要内容，而且它自身就是一种文化和伦理精神。总之，培育服务文化，塑造服务形象是创新服务的重要组成部分，服务文化精神是创新服务不可缺少的"软"件。正如希尔顿饭店老板所言："微笑是通往全世界的护照。"①

总之，从某种意义上说，创新本身就是一种德性，它体现了经济服务主体在经济服务活动过程中的伦理精神和道德气质。而由于服务的特殊性，创新服务往往是直接面对人的，它不仅要解决技术上的难题，还必然面临着许多的人际关系、伦理道德、社会制度上的难题。最为重要的是，创新服务需要有更高层次上的团队精神，必须有价值观和理想上的认同。因此，创新服务能够体现经济服务主体的伦理意识和道德境界，成为经济服务伦理新发展的内在动力。

---

① 刘方，等. 现代商业企业文化 [M]. 北京：中国国际广播出版社，1996：35.

第9章

经济服务伦理的价值目标与归宿

经济服务是人的有目的的实践活动，因此，经济服务的伦理追求实际上就是经济服务主体的伦理追求，是经济服务主体的一种人生态度，一种服务境界，是服务者超越当下的服务实践，从"服务是什么"的事实世界走向理想的、卓越的服务境界即"服务应当是什么"的价值世界的过程。具体说来，卓越服务的伦理目标是使经济服务主体拥有经济服务可持续发展的伦理情怀，拥有超越自身经济利益的道德使命和目的。经济服务要实现自身的伦理追求，即要从"实然"走向"应然"，从服务的视角来看，必须依靠经济服务主体在经济服务实践中努力创造卓越的服务；从伦理的视角来看，必须依靠经济服务主体拥有创造卓越服务的道德信念。

9.1 一种伦理的目标：卓越服务

经济服务作为人类的一种实践活动具有特定的目标，离开了目标，人类经济服务活动就会失去价值和意义。经济服务目标是人类经济服务活动想要达到的境地或标准。从一定意义上说，人类现实的经济服务活动实质上是经济服务目标在现实中的历史性展开过程。经济服务目标的种类很多，它具有多重性的特点。我们针对整个经济服务活动来说，可将其目标作两类性质的区分：伦理目标和非伦理目标，其中，非伦理目标主要是指经济目标即经济效益。经济服务的伦理目标即追求卓越的服务境界，从客观和主观两个方面来看，这种卓越服务的伦理目标包含着经济服务的可持续发展和对经济服务自身利益的超越。

9.1.1　可持续发展——经济服务的伦理目标

可持续发展是一个世界性的社会经济发展战略目标，它包括两个方面的含义：一是指既满足当代人的需要，又不损害后代人满足他们需要的能力；二是指一部分人的发展不应损害另一部分人的利益。显然，可持续发展作为一种新的发展观内在地包含了人类社会应该在人与自然的关系和人与人的关系两个方面同时取得进步的伦理要求。在人与自然的关系上，可持续发展就要求人与自然和谐相处，强调人与自然之间的相互合作而不是将自然作为人类统治的对象。在人与人的关系领域，可持续发展要求将全人类的整体的和长远的利益与个人的局部的和眼前的利益统一起来；把具有整体性和长期性的人类价值目标置于由人的各种利益需要所构成的多元的价值目标系统的中心。

我们将可持续发展作为经济服务的伦理目标，是指经济服务应当把人与自然的和谐发展以及人与社会的协调发展作为自身的伦理发展目标，从而实现经济服务的卓越追求。经济服务的可持续发展是以经济服务的绿色化为基本手段的。随着现代经济服务的迅速发展，经济服务的绿色化成为经济服务可持续发展的一个重要标准。绿色时代的到来对经济服务的发展产生了巨大影响，经济服务主体在服务生产和消费过程中越来越关注资源与环境保护。由于绿色经济服务能有效实现经济服务效益、消费者利益、社会利益以及环境效益四个方面的平衡，具有重要的伦理道德价值，因此，开展绿色经济服务是实现经济服务可持续发展伦理目标的基本手段，是经济服务走向卓越的重要条件。

　　所谓绿色经济服务，是指经济服务主体以生态伦理作为经济服务哲学，以绿色服务文化为伦理价值观念，以消费者的绿色服务需求为出发点，力求满足消费者的绿色需要，以实现经济服务生产者、经济服务消费者、社会、环境等四方利益的统一，实现经济服务的可持续发展。无论是生产服务、流通服务还是消费服务，无论是售前服务、售中服务还是售后服务，经济服务主体都必须以符合节约资源、减少环境污染、有益于人类健康的原则为服务导向。经济服务主体在经济服务活动中要体现"绿色"，即经济服务过程中要注重生态环境的保护，促进经济服务与生态环境的协调发展，实现个人利益、社会利益与生态利益的有机统一，促进个人的全面发展以及社会的全面进步。因此，个人的全面发展和社会的全面进步是经济服务可持续发展的应有之义。经济服务可持续发展的伦理目标内涵着个人的全面发展和社会的全面进步，凸显了经济服务注重人与人和谐共处以及人与社会和谐发展的伦理蕴含。经济服务可持续发展的伦理目标反映的是经济服务主体把眼光从纯经济领域转向非经济领域的思维历程，体现了经济服务主体关注社会长期和长远的利益，强调经济服务与人的发展、社会发展、环境保护等的协调的伦理情怀，表现了一种深层的道德意识与道义责任承诺。

　　经济服务的可持续发展具有深刻的伦理内涵，它实质上是经济服务主体对生态环境和人类自身的道德责任，要处理的是经济服务与自然环境的伦理关系。经济服务应当顺应世界经济绿色化的发展趋势，走可持续发展的"绿色道路"，这就要求经济服务主体将其生产经营活动与自然环境和社会环境的发展相联系，树立绿色服务观念，从事绿色经营，使服务与环境有机统一。也就是要求经济服务主体在服务经营管理中根据可持续发展伦理目标的要求，充分考虑自然环境的保护和人类的身心健康，从经济服务流程的各个环节着手节约资源和能源、防污、减污和治污，以达到服务的经济效益和生态效益的有机统一；就是要求经济服务主体不断提高绿色服务意识、绿色服务理念和绿色服务价值观，积极推行绿色管理，在传统的经济服务管理之中融入环保观念，注重对人类健康、自然资源和生态环境的管理，积极营造一个安全、健康、绿色、文明的经济服务环境。

9.1.2 经济服务自身利益的超越

利益（这里主要是指物质利益或经济利益）是经济活动和道德活动这两个不同社会范畴的中介和联结点。也就是说，利益在人类经济活动中可以作为经济范畴出现，它是社会经济关系的具体表现。恩格斯早就指出："每一个社会的经济关系首先是作为利益表现出来"①，这实际上就已经揭示了利益的本质。在道德活动中，利益是任何道德范畴的基石，所谓"利益是道德的基础"，其含义实际上应该是，社会经济关系是道德的基础。因此，"利益成为经济活动和作为非经济活动的道德之间的联系纽带，在经济活动中利益是人们追求的目标，在道德活动中利益则是道德所要调节的目标"②。经济服务作为一种特殊的社会经济实践活动，它与伦理道德之间的关系同样是以利益为中介的。经济服务要追求卓越的服务境界，是以自身经济利益的实现为基础，同时又必须超越自身的经济利益。

大多数服务性企业，尤其是国外知名服务企业，都将自己的服务目标定位于确保他们的顾客得到卓越的服务，而不只是好的服务，不仅要满足顾客的需求，而且要超越他们的期望。那么，怎样的服务才算得上"卓越的服务"呢？

首先，我们认为，经济服务主体要明白服务卓越与否是由消费者决定的，消费者对服务满意与否同样是由消费者自己决定的。

---

① 马克思恩格斯全集（第18卷）[M]. 北京：人民出版社，1964：307.
② 章海山. 经济伦理论——马克思主义经济伦理思想研究 [M]. 广州：中山大学出版社，2001：324.

其次，"卓越"并不仅仅是一般的符合标准，应当从消费者的目的和愿望出发，超越一般的标准，超越自身的经济利益，努力追求完美。实际上，卓越服务的伦理目标就在于经济服务具有超越自身利益的使命和目的，在于所提供的服务真正符合消费者的需要，甚至这种服务超过了消费者的期待。真正符合消费者的需要就是创造顾客感知价值，就是要突出顾客的价值优先，需要与顾客建立情感上的沟通，赋予顾客与众不同的优越感。创造顾客感知价值需要实现优秀服务向卓越服务的转变，需要经济服务主体能够超越自身的经济利益，更多地创造顾客服务价值。这里的优秀（good）是指"优质的、符合标准的"，而卓越（great）则是指"伟大的、杰出的"。能够生产出符合标准的服务产品，能够为企业创造长久利润的服务可以说是优秀，但不一定是卓越。卓越应当是对利益的超越，意味着能合乎伦理地对待利益相关者，即尊重他们的权利和正当的利益要求，为他们着想，公正地对待他们。因此，卓越具有明显的伦理意义和道德关怀。美国著名管理权威吉姆·柯林斯（Jim Collins）就曾指出，从优秀到卓越的转变"需要核心价值和一个超越赢利的目的，再加上一个保持核心或激励进步的关键动力"[1]，这些核心价值观包括"技术贡献，对个人的尊重，社会责任感以及一种深深的信仰：利润并不是公司的根本目标"[2]。能够为经济主体带来长久利益的服务可以是优秀的服务，但还不能称为卓越的服务，"持久卓越的公司并不只是为股东谋利益而存在。事实上，一家真正卓越的公司，利润和流动现金仿佛就像一个健康机体中的血和水；它们对生命至关重要，但绝不是人生的目标所在"[3]。贝利在研究了世界上 14 家卓越的服务性公司的核心价值观后指出："尽管这些样本公司都获利颇丰，但利

---

① ［美］吉姆·柯林斯. 从优秀到卓越 ［M］. 俞利军，译. 北京：中信出版社，2002：16－17.
②③ ［美］吉姆·柯林斯. 从优秀到卓越 ［M］. 俞利军，译. 北京：中信出版社，2002：222.

润本身并不是价值观念的内容，而是其结果。追求卓越才是价值观念。我们无法用'好'这个字来形容这些样本公司，因为'好'不足以反映样本企业的优良品质。对它们所获成就的赞誉来自其为追求卓越所做的努力。"① 柯林斯和贝利的研究表明，卓越的服务性公司之所以卓越，不仅仅是因为他们能够创造持久的利润，更重要的是这些公司都拥有一套追求卓越服务的价值观念，为了履行这些价值观念，他们能够超出自身的经济利益，去实现更加伟大的伦理道德使命和社会理想信念。因此，拥有超越自身利益的使命和目的的经济服务主体往往是从自身的社会使命、社会责任，而不是自己的利益要求来认识经济服务的伦理目标。正如现代管理学之父彼得·德鲁克（Peter F. Drucker）所指出的："企业的目的必须在企业本身之外。事实上，企业的目的必须在社会之中，因为工商企业是社会的一种器官。"② 那么，经济服务主体在社会中的伦理使命是什么呢？就是超越经济主体自身的经济利益，为社会提供卓越的服务。加拿大布鲁克大学的托马斯·莫里根（Thomas M. Mulligan）教授认为："企业的道德使命就是运用所能获得的想象力和创造性，为人类世界更加美好而创造产品、服务和机会。这一使命比企业可能行驶的其他任何职责都重要。"③ 当经济服务主体能切身感受到自己是在为社会的进步，为他人的幸福而努力，超越了自身经济利益的追求时，他往往就能产生一种巨大的成就感和努力工作的内在动力。正如管理学大师彼得·圣吉（Peter M. Senge）所指出的："当人类所追求的愿景超出个人的利益，便会产生一股强大的力量，远非追求狭窄目标所能

---

① ［美］利奥纳德·贝利. 服务的奥秘［M］. 刘宇，译. 北京：企业管理出版社，2001：32.

② ［美］彼得·德鲁克. 管理——任务、责任、实践（上）［M］. 孙耀君，等译. 北京：中国社会科学出版社，1987：81-82.

③ Mulligan T M. The moral mission of business［M］. Englewood Cliffs. NJ: Prentice-Hall, 1993：66.

及。组织的目标也是如此。"① 作为道德的经济人，经济服务主体应当有足够的道德判断力来评价他们所提供的服务，应当努力创造具有伦理道德价值的卓越服务。

以上对经济服务伦理目标的分析表明，经济服务不仅仅是一个纯粹的经济过程，它还是一个价值选择、伦理实现的过程。经济服务活动目标中总是包含着伦理价值观念的选择与取舍，其目标的有效实现也总是依赖于一定的伦理条件。因此，经济主体在确定经济服务目标时，应该自觉地把经济服务与伦理道德、经济服务的非伦理目标与伦理目标有机结合起来，让经济服务活动能够有效地促进经济服务的绿色化和可持续发展，能够真正实现超越自身经济利益的道德使命和目的。

9.2　一种必要的途径：创造卓越的经济服务

卓越服务，要求经济服务主体拥有可持续发展的伦理情怀和超越自身经济利益的道德使命，这意味着经济服务主体在经济服务活动过程中应当以较高的道德标准来处理与利益相关者的关系，通过良好的经济服务行为来展现自己的伦理道德品质，从而创造卓越的经济服务。正如强生公司董事长、首席执行官詹姆斯·贝克（James Burke）所说："首先，我相信，与我们有重要合作关系的人对信任、诚实、正直和道德行为有深刻而强烈的需求；其次，我相信，企业应该努力满足所有利益相关者的这种需求；最后，我相信，总体而言，那些最能始终不懈地坚持道德行为的企业比其他企业更能取得成功。"② 创造卓越的经济服务需

---

① ［美］彼得·圣吉. 第五项修炼——学习型组织的艺术与实务［M］. 郭进隆，译. 上海：上海三联书店，1994：197.

② Aguilar F J. Managing corporate ethics：learning from America's ethical companies how to supercharge business performance［M］. New York：Oxford University Press，1994：3 –4.

要重视经济服务消费者的服务感受，需要培养卓越的经济服务生产者，需要经过卓越的服务管理。

9.2.1　聆听来自服务消费者的声音

创造卓越的经济服务离不开经济服务消费者，这是从经济服务消费者对经济服务生产的作用的角度来看的。我们根据消费者的满意度是检验经济服务产品质量的主要标准这一经济服务的特征，卓越服务的创造就必须善于聆听并了解经济服务消费者的感受，必须聆听来自服务消费者的声音，了解消费者的需求，并能够恰如其分地表达所了解的消费者的需要和感受。这实际上就是要善于创造卓越的顾客服务价值，因为"潜在顾客们要的是一个完整的价值包装，其中包含产品价格、售后服务、信息提供，以及迎合他们独特口味的一整套附加价值"①。聆听消费者的声音即所谓"倾听顾客"（listening to customers），这一行为具有重要的作用：首先，聆听顾客并利用所获得的客户信息可以改进服务的设计和提供。在经济服务中，服务的全部过程都有顾客的参与并时刻影响着整个服务的质量，顾客和服务生产者一样是服务的共同制造者和设计合作者，是新创意和新服务设计最基本的源泉，是新的服务内容和服务创新的内在动力，因此，服务的设计和创新应当直接把顾客纳入整个经济服务过程当中；其次，透过倾听来了解消费者的需求，可以满足甚至超出消费者的期望，从而赢得消费者的信任，创造持久的顾客服务价值。

在经济服务实践当中，许多服务企业的服务战略制定、产品设计甚至服务传递的具体方式，大多是由高层经理人研究并制定的，结果是，企业所提供的服务与顾客需求相去甚远。还有一些严重到脱离顾客需求，与顾客需求相悖，导致服务员工在与顾客正面接触时，冲突和争执

---

① ［美］卡尔·阿尔布瑞契特，让·詹姆克. 服务经济——让顾客价值回到企业舞台中心［M］. 唐果，译. 北京：中国社会科学出版社，2004：246.

的事情常常发生。而卓越的服务企业在对待顾客需要方面与一般服务企业存在很大差异。如美国西南航空公司，他们为了了解和理解顾客需求，制度化地通过公司1.4万名员工每天与顾客接触的经验报告来聆听顾客声音和不断改进自己的经营策略。再如美国最大零售业公司之一的西尔斯为了使服务切实符合消费需求，将与之打过交道的所有顾客的名单统统收集起来，建立了一套包括6万多个家庭的"西尔斯家庭档案"，根据这个档案，该公司细致地研究这些家庭的收入情况与购物习惯，从而设计出各种各样的家庭消费方案，然后将其分门别类寄送给这些家庭，结果自然不言而喻。西尔斯的高明之处，就在于他们能够真正站在消费者的立场上，为消费者设计并指导消费者的购物行为，进而提供符合顾客愿望的帮助。这比我们一些商家只抱着传统的终生保修，送货上门，微笑服务等承诺更富有吸引力。① 在经济服务的新时代，消费者追求的是更高层次的精神和道德的满足感，他们渴望受到重视，受人敬重和赞赏，渴求得到优良的对待。因此，在经济服务活动中，经济服务生产者决不能忽视来自消费者的声音，应当努力创造持久的顾客服务价值。诚如阿尔布瑞契特和詹姆克所说，经济服务组织应当"有一套可行的系统来衡量顾客眼中的价值"，应当与消费者"有定期的接触"，还可以"举办一些例如'专题研讨小组'之类聆听顾客意见的活动，询问顾客要如何才能赢得他们的信任"。② 通过这些"倾听顾客"的行为，运用顾客价值的方式来思维，可以了解顾客服务价值对于经济服务组织的重要意义，从而实现卓越服务的伦理目标。

9.2.2 卓越服务来自卓越的服务生产者

创造卓越的经济服务同样离不开卓越的经济服务生产者，这是从经

---

① 罗宇. 卓越服务——企业的成功之道 [J]. 天府新论，1999 (6)：43-45.

② [美] 卡尔·阿尔布瑞契特，让·詹姆克. 服务经济——让顾客价值回到企业舞台中心 [M]. 唐果，译. 北京：中国社会科学出版社，2004：248.

济服务生产者在经济服务组织的中的地位和作用的角度来看的。卓越的服务来自卓越的经济服务生产者，因为不论是顾客服务价值，还是顾客满意或是顾客忠诚，其首要前提和条件就是要有卓越的经济服务生产者，创造顾客服务价值首先要创造员工（即服务生产者）价值。那么，如何才能创造服务生产者价值呢？答案还是要回到经济服务的基本属性，遵循经济服务规律，有效地培养和开发经济服务生产者。

经济服务过程是创造服务产品的过程。经济服务产品一般不同于物质产品，它是无形的，是一种过程体验，这种过程体验是由经济服务生产者和经济服务消费者共同参与、互动创造完成的。从这个意义讲，经济服务生产者实际上就是经济服务的"产品"。因此，从经济服务组织的角度来说，经济服务生产者即"服务员工"是作为一种服务产品而被开发。不同于工业经济时代把"人"当作一种"资本"来投资、管理、评估和使用，在服务经济时代，由于经济服务生产者和经济服务消费者共同创造服务产品以及经济服务的过程体验属性，经济服务企业把经济服务生产者当作经济服务产品的一部分，对之进行培养、激励、开发，而不仅仅是管理。服务员工也是生成新的服务创意的一个重要源泉，他们跨越了企业与顾客之间的界限，从而对服务过程更为了解，同时具有与顾客面对面的服务体验，因此，员工是服务创意产生最有价值的源泉，他们的这种潜力应当受到应有的重视。总之，适应经济服务生产的特点和要求，培养卓越的经济服务生产者，开发他们的个体潜能，是实现经济服务伦理目标的重要条件。

作为经济服务组织和经济服务管理者，应当尊重员工，亲和员工，应当"给予他们良好的训练，包括提供优质顾客价值时所需的工作知识、技术与态度"，应当了解"如果他们认为有客观条件阻碍了他们提供优质服务，那么那些障碍又是什么？在他们的心目中，公司的服务品质有多好？他们认为如何可以改善服务"，应当给予他们"独立思考和寻求更好的做事方法的自由与权利"，"不论是外在或幕后的服务"，都要让他们"表现出团队精神"。① 这也说明，经济服务生产者价值的创造需要经济服务个体的积极参与，需要处理好经济服务个体与经济服务集体的伦理关系。诚如斯蒂芬·柯维所说："唯有基本的品德能够为人际关系技巧赋予生命。"② 经济服务集体作为一种服务组织，它并不是对个人价值创造和自由全面发展的束缚和限制，相反，经济服务个体和经济服务组织之间构成一种互为条件、互为前提、相互促进的关系。一方面，"每个人的自由发展是一切人的自由发展的条件"③，只有经济服务个体首先获得创造卓越服务的权利和机会，经济服务组织的卓越发展目标才有可能，也才能成为现实；另一方面，经济服务个体潜能的开发取决于和他直接或间接进行交往的其他一切经济服务生产者、经济服务消费者以及经济服务组织的发展，只有在经济服务集体中才有可能，因为"只有在共同体中，个人才能获得全面发展其才能的手段，也就是说，只有在共同体中才可能有个人自由"④。所以，在经济服务活动中，经济服务生产者应当把自己的服务权利的行使，自己的全面发展与经济服务集体和组织的自由全面发展有机结合起来，做到自己本身与他人、集体共同前进；而经济服务生产者应该对经济服务消费者以及经济服务组织的全面发展创造条件，只有这样，创造卓越经济服务的伦理目标才有可能得以实现。

9.2.3 卓越服务必须实施卓越的服务管理

吉姆·柯林斯认为："卓越并非环境的产物，在很大程度上，它是

---

① ［美］卡尔·阿尔布瑞契特，让·詹姆克. 服务经济——让顾客价值回到企业舞台中心［M］. 唐果，译. 北京：中国社会科学出版社，2004：249.
② Covey S R. The seven habits of highly effective people［M］. New York：Simon and Schuster，1989：21.
③ 马克思恩格斯选集（第1卷）［M］. 2版. 北京：人民出版社，1995：294.
④ 马克思恩格斯选集（第1卷）［M］. 2版. 北京：人民出版社，1995：119.

一种慎重决策的结果。"① 柯林斯所说的"慎重决策"对经济服务主体特别是服务企业来说实际上就是一种卓越的服务管理。所谓服务管理是指将顾客感知服务质量作为企业经营第一驱动力的一种总体的组织方法。② 服务管理的内容一般可以分为两个层次：第一层次是服务战略管理，即在对企业内部环境分析的基础上，以市场需求为导向确定服务企业的总目标和发展方向，解决企业全局性和长远性发展问题。第二层次是职能管理，即在企业目标的指导下，解决如何以最合理的成本生产出高质量服务产品的问题。③ 卓越服务必须经过卓越的服务管理，应当始于对经济服务的目标和战略的准确表达。正如斯科因（Eberhard E. Scheuing）和约翰逊（Eugene M. Johnson）所说："一个优秀的新服务设计从这里开始，它指导着整个服务创新的过程，新服务开发的效果和效益也包含在其中。"④ 按照经济服务的一般特征，经济服务过程主要不是提供有形产品，而是提供无形产品的过程，同时，经济服务生产和经济服务消费又往往是同一过程，因此，经济服务消费者对服务的消费是一种体验性消费，一种过程消费。这是对经济服务进行专门管理的最主要原因。根据贝尔（Chip Bell）所指出的，服务的突出特点表现在它是一种感受：当提供的服务传递完毕，服务接受方带走的不是某种物体而是一种美好的记忆、愉悦、满意、失望、欺骗，等等。因此，设计服务产品和服务的提供方式之前必须清楚地认识到，顾客在购买服务企业提供的服务实质是在购买一种体验。⑤ 经济服务的这种过程性体验不仅包

---

① ［美］吉姆·柯林斯. 从优秀到卓越［M］. 俞利军，译. 北京：中信出版社，2002：13.

② ［芬兰］克里斯丁·格朗鲁斯. 从科学管理到服务管理：服务竞争时代的管理视角［J］. 南开管理评论，1999（1）：4-7.

③ 柴小青. 现代服务管理［M］. 北京：企业管理出版社，2002：18.

④ Scheuing E E, Johnson E M. A proposed model for new service development［J］. Journal of Services Marketing, 1989, 3（2）：25-34.

⑤ Bell C R. How to invent service［J］. Journal of Services Marketing, 1992, 6（1）：37-39.

括消费服务产品所带来的使用价值和消费过程中的感受价值，还包括消费者对经济服务过程以外的与诸如社会责任、公共形象、企业文化、品牌个性等有关的感知体验，这些都是经济服务管理所应涉猎的重要内容。经济服务要实现卓越服务的伦理目标，必须为消费者提供卓越的服务感知体验，而卓越的感知体验则必须经过卓越的服务管理，因此，卓越服务必须经过卓越的服务管理。而且，由于经济服务是一种体验性和过程的消费，而这种消费过程是随着消费者的需求的变化而不断改变的，曾经被认为是卓越的顾客服务也许会随着时间的推移而成为一般的甚至拙劣的服务。因此，经济服务的管理过程应当是一个不断改进和提高的过程。经济服务主体必须不断跟踪消费者需求的改变和提高，及时调整服务管理战略，制定新的服务标准，不断改进并提高经济服务水平，只有这样的经济服务管理才能推动经济服务走向卓越。

9.3　伦理的归宿：经济服务的道德信念

创造卓越的经济服务是实现经济服务伦理目标的必要手段，但从根本上说，这还只是经济服务主体追求卓越境界的外部机制，或者说是实现经济服务伦理目标的外部因素。经济服务要实现卓越服务的伦理目标，必须依靠经济服务主体将外部的行为机制转化为内在的道德信念，即经济服务主体自身的责任、良心、自由信念等。信念是指"构成经济服务主体行为动机和基本方向的思想观念"，而所谓道德信念，则是指"人们发自内心地对某种道德观念或道德体系的真诚信服和履行相应道德义务的强烈责任感"。[①] 道德信念是一个人认为自己必须要遵循的，在人的意识中根深蒂固的道德认知，是一个人活动的理性基础，这种理

---

① 王朋琦. 试论道德调控机制 [J]. 齐鲁学刊, 2001 (6)：129 – 132.

性基础使人对某种社会道德义务的正确性真诚信服，并怀有强烈的责任感，从而有意识地自觉地完成某种行动。因此，道德信念是推动一个人产生道德行为的强大动力，它可以使人的道德行为表现出坚定性和一贯性，它可以引起个体情绪情感上的种种体验，是一个人品德形成的关键因素。① 在经济服务从"实然"走向"应然"，即经济服务主体从必然走向自由的伦理追求过程中，经济服务主体的行为逐渐显示出道德特征，成为一种道德行为。一般说来，主体道德行为根据道德发展的阶段可以分为他律、自律、他律和自律统一的阶段②，与这三个阶段相适应，经济服务主体行为的"律"分别是责任、良心、自由信念。这三种"律"具有各自不同的构成内容，在经济服务的主体道德信念中地位不一样，其促成经济服务实现伦理目标的作用也是有区别的。

9.3.1 经济服务责任

所谓经济服务责任，是指经济服务主体在经济服务活动中应该承担的职责和任务。经济服务责任是客观存在的，它产生于经济服务提供者与服务对象的相互依存的服务关系之中。马克思、恩格斯就指出："作为确定的人，现实的人，你就有规定，就有使命，就有任务，至于你是否意识到这一点，那都是无所谓的。这个任务是由于你的需要及其与现存世界的联系而产生的。"③ 任何经济服务者都是一种社会角色，总存在于一定的经济服务关系之中，总是离不开服务对象，否则其经济服务活动就无法进行，因而经济服务者总是要承担某种相应的对服务对象、对利益相关者、对社会的服务责任。那么，经济服务责任的具体内容是

---

① 章永生. 中学生道德信念形成之研究 [J]. 西南师范大学学报（哲学社会科学版），1994（1）：117–122.

② 关于主体道德发展的过程，参见唐凯麟教授的《伦理学》（高等教育出版社 2001 年版）一书第 168～181 页。

③ 马克思恩格斯全集（第3卷）[M]. 北京：人民出版社，1960：329.

什么呢？

　　一般说来，经济服务责任包括经济责任、法律责任和道德责任。经济服务活动中的责任主要是由服务者所承担，因而经济服务责任主要是经济服务生产者的责任。如果把经济服务当作一个由服务主体、服务对象、服务组织、服务环境所组成的综合系统，那么，经济服务责任就在服务主体与服务对象、服务主体与服务组织、服务主体与服务环境之间生成。因此，经济服务责任就是服务主体对服务对象、服务主体对服务组织、服务主体对服务环境的经济责任、法律责任、道德责任，其具体内容就是效益、合法、守德，即满足被服务者的正当利益要求，遵守各种经济服务法规、考虑利益相关者的利益，服务社会，保护环境，等等。

　　责任强调的是把主体外在的客观要求"内化为主体的主观道德自觉意识"[①]。经济服务责任作为存在于经济服务活动中的责任，是一种客观的、外在的东西，它对服务主体要发挥道德调控作用，必须转化为主体内在的"道德自觉意识"，因为只有转化为主体内在的道德责任意识后，它才能促成主体自觉地作出某种正当的价值选择，约束自己的言行举止以承诺并履行某种经济服务责任。经济服务主体只有意识到了自己身上的服务责任，具备了服务责任意识之后，才能创造条件去承担服务责任，而这种服务责任意识就激励着服务主体在经济服务活动中努力创造卓越的服务，追求卓越的服务境界。所以，服务责任意识是经济服务主体承担服务责任的前提，对服务主体的价值选择起着激励或约束作用。例如，经济服务主体只有认识到经济服务活动中应该讲究人本服务、诚信服务、公平服务等原则，才可能在经济服务过程中，以人为本，遵守服务承诺，公平对待服务对象。

　　但是，必须明确，经济服务责任意识只是主体道德发展的初级阶

---

① 罗国杰. 伦理学 ［M］. 北京：人民出版社，1989：196.

段。因为这种意识的形成仍然依赖于各种外在因素，受制于各种外在条件，所以，它表明主体的道德发展仍然处于"他律"阶段，对主体道德境界的提升仍然存在局限性。经济服务主体道德责任的进一步发展就是经济服务主体的服务良心自律阶段。

9.3.2 经济服务良心

所谓良心，是指"个人在履行对他人和社会的道德义务的过程中所形成的一种深刻的责任感和自我评价能力，是个人意识中各种道德心理因素的有机结合"[①]。良心是义务的内化形式，它出自道德主体之内，表现为个人对自己行为的深刻的道德责任感。黑格尔指出："真实的良心是希求自在自为地善的东西的心境，所以它具有固定的原则，而这些原则对它说来是自为的客观规定和义务。"[②] 因此，相比于义务和责任是对道德规范的自我意识，良心是个体对道德的主体性的弘扬。从经济服务责任到经济服务良心的转化，是从道德的规范性向道德的主体性的升华。经济服务良心是指经济服务主体对自己应负的社会义务和应承担的经济服务责任的一种主观道德认识、道德情感和自我道德评价能力。它实质上是形成于服务者长期的经济服务活动之中，是服务道德原则和规范在服务者内心的反映和积淀，受着经济服务环境的制约，也受着社会一般伦理价值观念的影响。因此，经济服务良心的层次与水平，实际上是一定的经济服务道德的层次与水平的必然表现。经济服务良心对经济服务主体的行为起着特殊的自我控制和自我调节作用，是促成经济服务主体道德信念的形成的重要条件。首先，在经济服务行为之前，经济服务良心检查和制约经济服务主体的行为动机。对出于良心，符合道德要求的动机，良心给予肯定、鼓励；对违背良心、不符合道德要求的行

---

① 唐凯麟. 伦理学 [M]. 北京：高等教育出版社，2001：173.
② [德] 黑格尔. 法哲学原理 [M]. 范扬，等译. 北京：商务印书馆，1961：139.

动，一旦发现主体的行为有偏离良心的行为动机，良心就给予否定、抑制，使主体确立起正确的动机，并按照这一动机去作出符合道德的经济服务行为选择。其次，在经济服务行为之中，经济服务良心监督经济服务主体的行为选择。在经济服务主体的行为选择过程中，良心随时督促主体按照良心的要求行动，一旦发现主体的行为有偏离良心的轨道的迹象，立即禁止主体，迫使主体修正自己的行为方向。最后，在经济服务行为之后，经济服务良心评价、反省并提高经济服务主体的行为后果。对合乎良心的行为，给予主体良心上的安慰，主体也感到满足和欣慰；对违背良心的行为，主体会进行自我谴责，感到内疚、惭愧、悔恨和痛苦。这种自我谴责，是主体内心的"道德法庭"，它往往能形成一种巨大的力量，迫使主体改正此前的选择行为，而做出正确的、符合经济服务道德要求的行为选择。

9.3.3 经济服务的自由信念

经济服务良心作为经济服务主体行为的一种隐蔽的调节器，具有主观性和内向性的特征，只求之于主体内在的价值尺度，强调自己对自己负责和"凭良心办事"，容易忽视经济服务活动中的利益相关者和社会大众。因而，经济服务良心也是有着一定的局限性的，这种只凭良心办事的自律机制还不是一种完善的道德境界。经济服务主体道德境界的完善还必须使个体道德进一步发展到自律与他律相统一的阶段，也就是经济服务主体讲自律与他律的有机结合，达成经济服务责任意识与经济服务良心有机统一的自由信念阶段，这是经济服务主体道德信念的真正成熟。

经济服务的自由信念是经济服务主体的服务活动所能达到的最高道德境界。自由之于服务者，是一种他终身都追求和向往的价值理想和道德信念，它标志着服务者在经济服务活动中达到了经济服务责任意识和经济服务良心高度统一的境界，达到了"从心所欲"即自律与"不逾矩"即他律的高度统一的阶段。在自由境界，经济服务者既能自觉遵守服务制度规章，又能自觉奉行服务道德原则；既能自觉承担服务责任，又能自觉听从服务良心的召唤；既能通过经济服务活动实现经济目的，又能通过经济服务活动实现自我价值；既能通过经济服务活动实现自我完善与自我发展，又能通过经济服务活动去服务社会，促进社会全面进步，即把经济服务价值、人生价值和社会价值这三重价值的追求统一起来。

经济服务的自由信念，作为经济服务主体的服务责任意识和经济服务良心的高度统一，它实质上是服务者的自由信念。作为一种高度自觉的道德信念，相比于经济服务责任和经济服务良心，其自觉性程度更高，全面性、积极性更强，也更为完善。服务责任意识的外在性，经济服务良心的主观性，在经济服务的自由信念中都得以克服或消除，经济主体的自由信念更能促成经济服务主体做出符合道德的选择，追求卓越的服务境界。

总之，经济服务的自由信念，是经济服务责任和经济服务良心的有机统一，它保留了经济服务责任的道德理性，又克服了其外部制约性；既体现了经济服务良心的主体内在自觉性，又抑制了其自发性、盲目性，是经济服务主体的他律与自律的高度结合与交融，是一种既能"从心所欲"，又能"不逾矩"的自由境界，是相比于经济服务责任的他律和经济服务良心的自律更为完善的主体价值目标和道德信念。自由信念作为一种理想或价值目标，是经济服务主体对卓越的经济服务关系的追求和向往。当然，这种理想和信念并不是完全脱离现实的，它只是超越了现实。等到这种理想信念实现的时候，也就是人成了所有经济服务关系的主人，经济服务主体与经济服务对象的矛盾得到最和谐、最完满的解决，经济服务生产者与被经济服务消费者实现了直接同一的时候，也是经济服务与伦理道德实现了更高层次的直接统一的时候。而每一个服务者都在通过自己的经济服务实践活动奔向经济服务的自由道德境界，最终实现对经济服务伦理目标的追求。

探索中国市场经济服务伦理建设之路

　　任何理论都是来源于实践，又必须回到实践，去接受实践的检验。我们进行经济服务伦理探究的目的之一，就是希望能够为提高我国市场经济条件下的经济服务水平，为推动中国特色社会主义市场经济服务的现代化提供某些理论参考。在经济服务的现代化中，伦理化是其重要趋势。经济服务要实现现代化，必须进行经济服务的伦理建设。因此，探索中国市场经济服务的伦理建设之路，是时代摆在我们面前的重要任务。

　　建设中国市场经济服务伦理，必须首先弄清楚我们所处的现实条件和环境，这些条件和环境是建设中国特色社会主义市场经济服务伦理的基本前提和客观基础。

　　首先，中国实行的是社会主义市场经济体制，是以建立和健全中国特色社会主义市场经济体制为经济体制改革的目标，是以经济建设为中心，以不断解放和发展生产力，完善社会主义市场经济体制，不断提高人民生活水平为主要任务。在中国社会主义市场经济中，各行为主体，通过以市场为中介，以劳动奉献为主要内容的行为过程，共同促成了市场经济的有效运行，形成了相互间联系日益密切的经济服务关系。而在社会主义市场经济运行中，各经济主体无论处在何种部门、何种岗位，都是服务的提供者，同时也是服务的接受者，社会成为一个相互服务的有机体，经济服务关系已构成社会关系的核心内容。

其次，中国正处于服务经济急待发展而又相对滞后的时期。相对于发达国家开始进入服务社会，逐渐步入经济服务化时代相比，中国的服务经济的发展还相对滞后。有学者分析了中国服务经济发展滞后的原因是"市场化程度低、产业化进程缓慢、国际化水平不高和城市化滞后"[①]。这些分析是中肯的，但中国服务经济发展过程中伦理文化的缺失更不容忽视。如此看来，中国社会主义市场经济服务伦理建设的基础还很薄弱，我们必须在加快中国服务产业发展的同时，不断进行经济服务的伦理研究和探索，这样才能有效地推动中国服务经济的发展。

最后，中国正处于改革开放之中，应该科学借鉴、合理吸收西方经济服务伦理研究和建设的优秀的理论和实践成果。西方经济服务伦理研究起步较早，理论较为丰富，并且在实践中积累了一系列的成功经验，我们应当学习和借鉴他们的优秀成果，如公平服务的观念、创新服务的精神、人本服务的原则、追求卓越服务的价值取向等等。西方优秀的经济服务伦理建设思想和实践经验是我国市场经济服务伦理建设的重要资源。我们应当重视吸收国外有利于中国特色社会主义经济服务现代化的服务伦理建设经验，努力构建中国特色的社会主义市场经济服务伦理。

中国特色社会主义市场经济服务伦理建设主要是一个实践的过程，就是要在经济服务实践活动中，使经济服务主体树立合理的经济服务价值观，养成良好的经济服务道德行为。积极开展经济服务的伦理实践，将使经济服务主体在经济服务活动中陶冶服务道德情操，提升服务道德境界，从而为经济服务伦理建设奠定坚实的基础。

利益是道德的基础，道德原则和规范是在解决利益关系中形成的。

---

① 黄维兵. 现代服务经济理论与中国服务业发展 ［M］. 成都：西南财经大学出版社，2003：130.

市场经济是典型的利益经济，发展社会主义市场经济要求我们正确处理个人利益和社会利益的关系。而中国社会主义市场经济服务的伦理实践就必须正确处理好经济服务生产者和经济服务消费者之间的利益关系、经济利益和社会利益之间的关系、服务组织和自然环境之间的利益关系，从而实现个人、社会和环境之间的协调发展。在中国社会主义市场经济中，随着市场经济的深入发展以及社会分工的职业化，以市场为纽带的人们之间相互的经济服务关系日益密切，服务已经成为一种比较普遍的市场理念和价值取向。许多经济服务主体是通过向社会提供优质的产品和服务，通过对社会负责、对消费者负责的良好态度去实现自己的经济利益，这种经济服务的伦理实践有效地推动了经济服务水平的提高。但实践终究是一个广阔的领域，经济服务的伦理建设必须符合经济服务运行的过程与规律，在经济服务运行的过程中渗透伦理道德是经济服务伦理建设的必由之路。

根据经济服务的运行过程和发展规律，中国特色社会主义市场经济服务伦理建设首先应当加强经济服务生产者和经济服务消费者道德素质的培养。因为经济服务是一个经济服务生产者和经济服务消费者交往互动的过程，需要双方经济服务道德素质的共同提高。中国服务行业中服务者的道德素质有待提高，而被服务者也应当更加积极地遵守经济服务伦理规范，以共同推进经济服务的伦理建设。

其次，应当搞好经济服务伦理决策，实行有效的伦理控制。这是从经济服务组织及整个社会的角度来说的。社会和组织进行经济服务伦理决策时，应当充分考虑服务组织的经济服务行为所涉及的利益相关者的利益要求、有关的法律及伦理规范、经济服务效益及效益获得的目的与手段的伦理正当性等。有了合乎伦理的决策之后，经济服务主体在经济服务活动中还要根据经济服务伦理规范和准则，对经济服务过程进行伦理监督和控制，使经济服务生产者和经济服务消费者的行为符合经济服务的伦理规范。

最后，应广泛开展经济服务伦理的宣传和教育。这是指经济服务主体包括社会和经济服务组织所开展的旨在提高经济服务生产者和经济服务消费者服务道德素质的宣传和教育活动。这是经济服务伦理建设行之有效的途径，它可以增强经济服务主体对服务道德的敏感性，提高服务者经济服务的能力和水平。

总之，中国特色社会主义市场经济服务伦理建设是一个宏大的课题，建设中国特色的现代经济服务伦理文化更是经济服务理论界和实践界都必须为之付出艰苦努力的重大历史任务。当然，只要我们勇于探索经济服务伦理理论，积极开展经济服务的伦理实践，必定能开创一条中国特色社会主义市场经济服务伦理建设之路。

参考文献

一、中文部分

[1] [印度] 阿马蒂亚·森. 伦理学与经济学 [M]. 王宇, 等译. 北京: 商务印书馆, 2000.

[2] [美] 阿瑟·奥肯. 平等与效率 [M]. 王忠民, 等译. 成都: 四川人民出版社, 1988.

[3] 爱因斯坦文集 (第三卷) [M]. 许良英, 等编译. 北京: 商务印书馆, 1979.

[4] [瑞典] 安德斯·古斯塔夫松, 迈克尔·约翰逊. 服务竞争优势: 制定创新型服务战略和计划 [M]. 刘耀荣, 译. 北京: 中国劳动社会保障出版社, 2004.

[5] 白仲尧. 服务经济论 [M]. 北京: 东方出版社, 1991.

[6] [美] 保罗·萨缪尔森, 威廉·诺德豪斯. 经济学 [M]. 16 版. 萧琛, 等译. 北京: 华夏出版社, 1999.

[7] [德] 彼得·科斯洛夫斯基. 伦理经济学原理 [M]. 孙瑜, 译. 北京: 中国社会科学出版社, 1997.

[8] [德] 彼得·科斯洛夫斯基. 资本主义的伦理学 [M]. 王彤, 译. 北京: 中国社会科学出版社, 1996.

[9] [美] 彼得·德鲁克. 管理——任务、责任、实践 (上) [M]. 孙耀君, 等译. 北京: 中国社会科学出版社, 1987.

[10] [美] 彼得·圣吉. 第五项修炼——学习型组织的艺术与实务 [M]. 郭

进隆，译．上海：上海三联书店，1994.

[11]［美］查克·马丁．公平竞争不是梦［M］．胡琛，等译．上海：上海远东出版社，1998.

[12] 柴小青．现代服务管理［M］．北京：企业管理出版社，2002.

[13] 陈步峰，杨文清，吴丽霞．服务文化：全球竞争的通行证［J］．有色金属工业，2004（5）：52－53.

[14] 陈春梅，左仁淑，祝燕萍．基于公平理论的服务失败与服务修复研究［J］．特区经济，2004（11）：224－225.

[15] 陈宪．中国现代服务经济理论与发展战略研究［M］．北京：经济科学出版社，2011.

[16] 陈雅，郑建明．论网络环境下的信息个性化服务［J］．新世纪图书馆，2003（1）：10－13.

[17] 程晓，邓顺国，文丹枫．服务经济崛起："互联网＋"时代的服务业升级与服务化创新［M］．北京：中国经济出版社，2018.

[18] 辞海编辑委员会．辞海（中、下册）［M］．上海：上海辞书出版社，1989.

[19]［美］达尔·尼夫．知识经济［M］．樊春良，等译．珠海：珠海出版社，1998.

[20]［美］丹尼尔·贝尔，等．经济理论的危机［M］．陈彪如，译．上海：上海译文出版社，1985.

[21]［美］丹尼尔·贝尔．后工业社会（简明本）［M］．彭强，编译．北京：科学普及出版社，1985.

[22]［美］丹尼尔·贝尔．资本主义文化矛盾［M］．赵一凡，等译．北京：三联书店，1989.

[23]［美］道格拉斯·诺斯．制度、制度变迁与经济绩效［M］．刘守英，译．上海：上海三联书店，1994.

[24] 丁宁．服务管理［M］．北京：清华大学出版社，2007.

[25] 窦炎国．社会转型与现代伦理［M］．北京：中国政法大学出版社，2004.

[26] 冯丽云，程化光. 服务营销 [M]. 北京：经济管理出版社，2002.

[27] [法] 弗雷德里克·巴斯夏. 和谐经济论 [M]. 王家保，等译. 北京：中国社会科学出版社，1996.

[28] [德] 弗里德里希·包尔生. 伦理学体系 [M]. 何怀宏，等译. 北京：中国社会出版社，1989.

[29] [美] 弗兰西斯·福山. 信任——社会道德与繁荣的创造 [M]. 李宛蓉，译. 呼和浩特：远方出版社，1998.

[30] “服务经济发展与服务经济理论研究”课题组. 西方服务经济理论回溯 [J]. 财贸经济，2004 (10)：89 – 92.

[31] 甘绍平. 伦理智慧 [M]. 北京：中国发展出版社，2000.

[32] 高涤陈，白景明. 服务经济学 [M]. 郑州：河南人民出版社，1990.

[33] 高贤峰. 海尔模式：制度与文化结合的典范 [J]. 山东经济，2001 (3)：58 – 60.

[34] 龚天平. 走向卓越——论现代管理伦理及其实现 [D]. 湖南师范大学，2003.

[35] [美] 汉默. 新组织之魂 [J]. 胡苏云，译. 国外社会科学文摘，1998 (4)：26 – 28.

[36] 何德旭，夏杰长. 服务经济学 [M]. 北京：中国社会科学出版社，2009.

[37] [德] 黑格尔. 法哲学原理 [M]. 范扬，等译. 北京：商务印书馆，1961.

[38] 华桂宏，王小锡. 四论道德资本 [J]. 江苏社会科学，2004 (6)：223 – 228.

[39] 黄少军. 服务业与经济增长 [M]. 北京：经济科学出版社，2000.

[40] 黄维兵. 现代服务经济理论与中国服务业发展 [M]. 成都：西南财经大学出版社，2003.

[41] [美] 吉姆·柯林斯. 从优秀到卓越 [M]. 俞利军，译. 北京：中信出版社，2002.

[42] [瑞典] 简·欧文·詹森. 服务经济学 [M]. 史先诚，译. 北京：中国

人民大学出版社，2013.

［43］江小娟．网络时代的服务型经济——中国迈进发展新阶段［M］．北京：中国社会科学出版社，2018.

［44］［日］井原哲夫．服务经济学［M］．李桂山，等译．北京：中国展望出版社，1986.

［45］［美］卡尔·阿尔布瑞契特，让·詹姆克．服务经济——让顾客价值回到企业舞台中心［M］．唐果，译．北京：中国社会科学出版社，2004.

［46］［德］柯武刚，史漫飞．制度经济学：社会秩序与公共政策［M］．韩朝华，译．北京：商务印书馆，2000.

［47］［芬兰］克里斯蒂·格鲁诺斯．服务市场营销管理［M］．吴晓云，等译．上海：复旦大学出版社，1998.

［48］［芬兰］克里斯丁·格鲁诺斯．从科学管理到服务管理：服务竞争时代的管理视角［J］．南开管理评论，1999（1）：4-7.

［49］［美］拉坦，等．财产权利与制度变迁——产权学派与新制度学派译文集［M］．刘守英，等译．上海：上海三联书店，上海人民出版社，1994.

［50］［英］劳里·杨．从产品到服务：企业向服务经济转型指南［M］．耿帅，译．北京：机械工业出版社，2009.

［51］老子．道德经（八十一章）［M］．苏南，注评．南京：江苏古籍出版社，2001.

［52］［美］雷蒙德·菲斯克，等．互动服务营销［M］．张金成，等译．机械工业出版社，2001.

［53］黎红雷．人类管理之道［M］．北京：商务印书馆，2000.

［54］李兰芬．等价交换的伦理意义［J］．苏州大学学报（哲学社会科学版），1999（3）：16-18.

［55］李慧中．服务特征的经济学分析［M］．上海：复旦大学出版社，2016.

［56］李胜利．顾客服务［M］．北京：民主与建设出版社，2002.

［57］李石华，胡卫红．来自财富巅峰的声音——经营论语［M］．北京：世界图书出版公司，2003.

［58］李相合．中国服务经济：结构演进及其理论创新［M］．北京：经济科学

出版社，2007.

［59］［美］利奥纳德·贝利. 服务的奥秘［M］. 刘宇，译. 北京：企业管理出版社，2001.

［60］林海. 合作与人的全面发展［J］. 玉溪师范学院学报，2003（8）：20－23.

［61］林涛. 客户服务管理［M］. 北京：中国纺织出版社，2002.

［62］刘方，等. 现代商业企业文化［M］. 北京：中国国际广播出版社，1996.

［63］刘光明. 论市场经济中的公共关系和伦理道德问题［J］. 山西师大学报（社会科学版），1999（1）：16－21.

［64］刘杰. 美国经济中的垄断与反垄断［J］. 世界经济研究，1998（5）：50－54.

［65］刘彦生. 论"全面建设小康社会"过程中的经济伦理［J］. 道德与文明，2003（4）：23－25.

［66］刘志彪，江静，刘丹鹭. 现代服务经济学［M］. 北京：中国人民大学出版社，2015.

［67］陆晓禾. 走出"丛林"——当代经济伦理学漫话［M］. 汉口：湖北教育出版社，1999.

［68］吕卓超，封斌奎. 服务经济学［M］. 西安：西北大学出版社，1995.

［69］吕卓超. 服务经济学初探［J］. 渭南师专学报（社会科学版），1994（2）：64－68.

［70］罗长海. 论服务的特征及其对文化形象的要求［J］. 上海第二工业大学学报，2002（1）：69－75.

［71］罗国杰. 伦理学［M］. 北京：人民出版社，1989.

［72］罗宇. 卓越服务——企业的成功之道［J］. 天府新论，1999（6）：43－45.

［73］马白玉，何会文. 机遇与挑战并存的服务经济［J］. 环渤海经济瞭望，2003（4）：8－10.

［74］马克思恩格斯全集（第1，2，3，18，19，23，25，26，42，46卷）［M］. 1版. 北京：人民出版社.

［75］马克思恩格斯全集（第3，30，31，33，44卷）［M］.2版.北京：人民出版社.

［76］马克思恩格斯选集（第1，2，3，4卷）［M］.2版.北京：人民出版社，1995.

［77］［德］马克斯·韦伯.经济与社会（上卷）［M］.林荣远，译.北京：商务印书馆，1997.

［78］毛世英.企业服务哲学［M］.北京：清华大学出版社，2004.

［79］孟慧霞.论研究产品附加服务竞争优势的现实意义［J］.生产力研究，2002（4）：55－57.

［80］［美］诺兰，等.伦理学与现实生活［M］.姚新中，等译.北京：华夏出版社，1988.

［81］［日］前田勇.服务学［M］.杨守廉，译.北京：工人出版社，1986.

［82］乔洪武.正谊谋利——近代西方经济伦理思想研究［M］.北京：商务印书馆，2000.

［83］［法］让－克洛德·德劳内，让·盖雷.服务经济思想史——三个世纪的争论［M］.江小涓，译.上海：格致出版社，上海人民出版社，2011.

［84］桑晓靖.论企业的服务竞争［J］.经济论坛，2004（5）：68－69.

［85］史瑞杰.社会哲学视野中的效率和公平［J］.人文杂志，2000（1）：1－9.

［86］宋希仁.服务贵敬——走马观花说东瀛［J］.道德与文明，2001（3）：57－58.

［87］苏永乐.刍议合作的利益与条件［J］.商业时代，2004（26）：6－8.

［88］唐凯麟.伦理学［M］.北京：高等教育出版社，2001.

［89］［美］托马斯·彼得斯，罗伯特·沃特曼.追求卓越：美国优秀企业的管理圣经［M］.戴春平，等译.北京：中央编译出版社，2000.

［90］［美］托马斯·唐纳森，托马斯·邓菲.有约束力的关系：对企业伦理学的一种社会契约论的研究［M］.赵月瑟，译.上海：上海社会科学院出版社，2001.

［91］万俊人.道德之维——现代经济伦理导论［M］.广州：广东人民出版社，2000.

［92］王超．服务营销管理［M］．北京：中国对外经济贸易出版社，1999．

［93］王春和，陈步峰．服务为王：卓越服务力理论与案例［M］．北京：中国经济出版社，2016．

［94］王方华，等．服务营销［M］．太原：山西经济出版社，1998．

［95］王海明．新伦理学［M］．北京：商务印书馆，2001．

［96］王朋琦．试论道德调控机制［J］．齐鲁学刊，2001（6）：129－132．

［97］王儒化，张新安．马克思主义政治经济学辞典［M］．北京：中国经济出版社，1992．

［98］王小锡．经济的德性［M］．北京：人民出版社，2002．

［99］王兴尚．论"经济人"的经济伦理德性［J］．经济论坛，2004（9）：7－8．

［100］［美］维克托·富克斯．服务经济学［M］．许微云，等译．北京：商务印书馆，1987．

［101］卫建国．经济服务伦理论纲［J］．道德与文明，2012（3）：120－126．

［102］温碧燕，韩小芸，汪纯孝．服务公平性对顾客服务评估和行为意向的影响［J］．北京第二外国语学院学报，2002（1）：44－50．

［103］吴海．论作为经济伦理的合作范畴［J］．学海，2001（5）：32－35．

［104］吴育林，曾纪川．论市场经济条件下"经济人"和"道德人"的同构性［J］．教学与研究，2004（5）：83－86．

［105］夏杰长，李勇坚，刘奕，霍景东．迎接服务经济时代来临：中国服务业发展趋势、动力与路径研究［M］．北京：经济管理出版社，2010．

［106］夏若江．社会道德与合作性预期［J］．江汉论坛，2001（11）：13－16．

［107］［英］休谟．人性论［M］．关文运，译．北京：商务印书馆，1980．

［108］徐培．经济服务化、服务知识化与我国服务业的发展［J］．商业研究，2002（4）：108－110．

［109］徐迅雷．枕头与精神服务［J］．唯实，2002（2）：77．

［110］许庆瑞，吕飞．服务创新初探［J］．科学学与科学技术管理，2003（3）：34－37．

［111］［英］亚当·斯密．国民财富的性质和原因的研究（上、下卷）［M］．

郭大力，等译．北京：商务印书馆，1972.

[112]［古希腊］亚里士多德．政治学［M］．吴寿彭，译．北京：商务印书馆，1965.

[113] 杨春学．经济人与社会秩序分析［M］．上海：上海三联书店，1998.

[114] 俞可平．创新：社会进步的动力源［J］．马克思主义与现实，2002（4）：30 - 34.

[115]［英］约翰·穆勒．政治经济学原理及其在社会哲学上的若干应用（下卷）［M］．胡企林，等译．北京：商务印书馆，1991.

[116]［美］约翰·奈斯比特．大趋势：改变我们生活的十个新方向［M］．梅艳，译．北京：中国社会科学出版社，1984.

[117]［英］约翰·伊特韦尔，等．新帕尔格雷夫经济学大辞典（第1卷）［M］．陈岱孙，等译．北京：经济科学出版社，1996.

[118]［美］约瑟夫·熊彼特．经济发展理论——对于利润、资本、信贷、利息和经济周期的考察［M］．何畏，等译．北京：商务印书馆，1990.

[119]［美］詹姆斯·A. 菲茨西蒙斯，莫娜·J. 菲茨西蒙斯．服务管理——运营、战略和信息技术［M］.2 版．张金成，等译．北京：机械工业出版社，1998.

[120]［美］詹姆斯·布坎南．自由、市场与国家［M］．平新乔，等译．上海：上海三联书店，1989.

[121] 张丽云．简析关系营销中的商业道德问题［J］．商业研究，2000（1）：155 - 157.

[122] 张兴国．"为人们服务"：现代社会的伦理新蕴［J］．社会科学辑刊，2002（2）：4 - 8.

[123] 张永梅，吕红．经济新常态下我国现代服务业发展研究［M］．北京：九州出版社，2018.

[124] 章海山．解开经济人的伦理情结［J］．江苏社会科学，2000（3）：104 - 106.

[125] 章海山．经济伦理论——马克思主义经济伦理思想研究［M］．广州：中山大学出版社，2001.

[126] 章海山．论作为经济伦理的竞争范畴［J］．学海，2001（1）：171 - 175.

［127］章海山．企业竞争伦理机制的探析［J］．中山大学学报（社会科学版），2001（2）：1 - 7.

［128］章永生．中学生道德信念形成之研究［J］．西南师范大学学报（哲学社会科学版），1994（1）：117 - 122.

［129］郑吉昌．服务经济论［M］．北京：中国商务出版社，2005.

［130］中国大百科全书·哲学Ⅰ［M］．北京：中国大百科全书出版社，1987.

［131］周诚．关于公平问题的探索［N］．中国经济时报，2004 - 08 - 17（5）.

［132］周振华．服务经济发展：中国经济大变局之趋势［M］．上海：格致出版社，2013.

二、外文部分

［1］Aguilar F J. Managing corporate ethics: learning from America's ethical companies how to supercharge business performance［M］. New York: Oxford University Press, 1994.

［2］Albrecht K. Digitizing the customer: the digital moat［J］. Managing Service Quality, 2003, 13（2）: 94 - 96.

［3］Bell C R. How to invent service［J］. Journal of Services Marketing, 1992, 6（1）: 37 - 39.

［4］Berry L L. On great service: a framework for action［M］. New York: Free Press, 1995.

［5］Coase R. The nature of the firm［J］. Ecomomica, 1937, 4（3）: 386 - 405.

［6］Covey S R. The seven habits of highly effective people［M］. New York: Simon and Schuster, 1989.

［7］Deming W E. Out of the crisis cambridge［M］. MA: Massa-chusetts Institute of Technology, 1986.

［8］Freeman R E, Gilbert D R. Corporate strategy and the search for ethics［M］. Englewood Cliffs, NJ: Prentice - Hall, 1988.

［9］Johne A, Storey C. New service development: a review of the literature and annotated bibliography［J］. European Journal of Marketing, 1998, 32（3）: 184 - 251.

[10] Kelly D, Storey C. New service development: initiation strategies [J]. International Journal of Service Industry Management, 2000, 11 (1): 45 – 62.

[11] Mulligan T M. The moral mission of business [M]. Englewood Cliffs, NJ: Prentice – Hall, 1993.

[12] Scheuing E E, Johnson E M. A proposed model for new service development [J]. Journal of Services Marketing, 1989, 3 (2): 25 – 34.

[13] Seiders K, Berry L L. Service fairness: what it is and why it matters [J]. The Academy of Management Executive, 1998, 12 (2): 8 – 20.

[14] Williamson O. The modern corporation: origins, evolution, attributes [J]. Journal of Economic Literature, 1981, 19 (4): 1537 – 1568.